低维半导体异质结构及性能系列

钙钛矿量子点的掺杂与异质结构

房永征 刘玉峰 编著

上海交通大学出版社
SHANGHAI JIAO TONG UNIVERSITY PRESS

内容提要

本书是对作者长期从事的全无机钙钛矿量子点的掺杂与异质结构及其高稳定性发光研究工作的总结,同时参考了近几年国内外该领域的研究成果。本书主要内容包括高稳定性发光全无机钙钛矿量子点的掺杂与异质结构的设计理念与制备方法、高化学稳定性的实现及其发光性质的研究,其中包括钙钛矿量子点的掺杂(掺 Eu^{3+})、异质结构(与氧化物纳米颗粒及介孔材料)及复合结构(与聚合物及银纳米薄膜)的化学稳定性及其发光性质研究三部分。

本书汇集了近年来钙钛矿量子点掺杂与异质结构的最新研究成果与进展情况,可供对全无机钙钛矿量子点感兴趣的材料科学与工程、物理学、化学等专业师生以及研究人员参考。

图书在版编目(CIP)数据

钙钛矿量子点的掺杂与异质结构/房永征,刘玉峰
编著.—上海:上海交通大学出版社,2022.12
　　ISBN 978-7-313-26618-7

　　Ⅰ.①钙… 　Ⅱ.①房…②刘… 　Ⅲ.①钙钛矿—量子
—研究 　Ⅳ.①P578.4

中国版本图书馆 CIP 数据核字(2022)第 254530 号

钙钛矿量子点的掺杂与异质结构
GAITAIKUANG LIANGZIDIAN DE CHANZA YU YIZHI JIEGOU

编　　著:房永征　刘玉峰
出版发行:上海交通大学出版社　　　　　　地　　址:上海市番禺路 951 号
邮政编码:200030　　　　　　　　　　　　电　　话:021-64071208
印　　制:上海万卷印刷股份有限公司　　　经　　销:全国新华书店
开　　本:710mm×1000mm　1/16　　　　　印　　张:6.5
字　　数:109 千字
版　　次:2022 年 12 月第 1 版　　　　　　印　　次:2022 年 12 月第 1 次印刷
书　　号:ISBN 978-7-313-26618-7
定　　价:58.00 元

Preface 前 言

全无机钙钛矿量子点(CsPbX$_3$，X＝Cl，Br，I)具有发光谱带窄、荧光光谱可调、缺陷容忍度高和荧光量子效率高等优异的发光特性，在显示与照明等领域被广泛研究，目前全无机钙钛矿量子点电致发光器件效率已经超过 20%，是未来显示领域最具应用潜力的新兴无机半导体材料之一。

然而，目前全无机钙钛矿量子点在显示与照明领域的实际应用中仍面临如下问题。①化学稳定性差：全无机钙钛矿量子点在极性溶剂中易分解或团聚，对光、氧气、湿度和温度十分敏感，并且容易与其他卤族元素发生阴离子交换反应；②铅毒性：虽然含铅全无机钙钛矿量子点的荧光量子效率较高，但铅的毒性使其在实际应用中受到限制，尽管研究表明通过封装等工艺可以使铅毒性在一定程度上得到抑制，但其仍然是全无机钙钛矿量子点应用中的一个重要问题；③蓝光器件效率低：全无机钙钛矿量子点蓝光的光致发光和电致发光量子产率与绿光、红光相比明显较低，因此在三基色显示应用中存在显色不平衡的问题；④表面配体对电荷迁移的影响：量子点表面的长链绝缘配体不利于晶粒间电荷迁移，因此需要对其进行替换，减少配体对电荷迁移的影响是发展高效钙钛矿量子点器件的有效途径；⑤大规模制备工艺：为实现产业化应用，需要进一步开发新工艺或优化现有制备工艺，实现钙钛矿量子点的批量生产及其薄膜的大面积制备。

在上述问题中，钙钛矿量子点的化学稳定性是最为关键和首要的问题，其他应用均建立在提升钙钛矿量子点稳定性的基础之上。根据第一性原理，全无机钙钛矿量子点的形成能较低，且晶体结构中原子间距较大，因此量子点熔点较低；同时，钙钛矿为离子晶体属性，由于位错、堆垛层错和孪晶面的产生，通常会导致晶体中出现空位缺陷；除了离子晶体的属性外，由于量子尺寸效应,钙钛矿量子点存在较大的表面能,表面活性较高。以上三个方面的性质导致钙钛矿量子点容易受环境因素的影响,使得其化学稳定性较差。在高的湿度、光照强度、温度和氧浓度下,量子点荧光量子效率显著降低。因此,亟须发展能够有效提升钙钛矿量子点化学稳定性的方法,促进钙钛矿量子点在高效显示器件中的应用。

目前,提升全无机钙钛矿量子点化学稳定性的方法主要是掺杂、包覆、改性、构筑异质结构和复合结构。其中,以掺杂、构筑异质结构和复合结构的方法最为有效和常见。本书着重介绍了通过这三种方法来提升其化学稳定性和发光性能的研究,为其高品质显示应用的实现提供了有效解决方案。同时,也为钙钛矿量子点在其他光电器件应用中的稳定性问题提供了参考方案。本书主要内容是作者在钙钛矿量子点领域多年的研究成果,并借鉴了国内外解决钙钛矿量子点稳定性问题及改善其发光特性的重要前沿研究成果。

本书主要内容包括胶体半导体量子点的性质、制备及其应用;钙钛矿量子点的结构、制备、优缺点,及其面临主要问题的解决方法;钙钛矿量子点掺杂及其分别与纳米氧化物、介孔材料形成的异质结构,与有机聚合物、银纳米薄膜等形成的复合结构的实验及理论模拟研究成果。本书由上海应用技术大学的房永征教授、刘玉峰副研究员编著。感谢上海市自然科学基金(20ZR1455400)、上海光探测材料与器件工程技术研究中心基金(20DZ2252600)与国家自然科学基金(U2141240)等项目的资助。

本书内容丰富、特色鲜明。读者可通过本书的阅读,较全面地了解全无机钙钛矿量子点的掺杂与异质结构形成的意义,引发更多的思考,继而为进一步提升钙钛矿量子点稳定性、改善其发光性能提出新的研究方向和解决思路。

房永征 刘玉峰

2021 年 12 月 12 日于上海

Contents 目录

第**1**章 绪　　论

量子点是指在 3 个维度上尺寸为 1～100 nm、且由于较小的物理尺寸(小于激子波尔半径或与激子波尔半径相当)导致材料内部的电子和空穴波函数重叠,能级结构由连续能级转变为分立的电子能级结构,从而具有显著量子效应的零维纳米材料[1-2]。量子点的物理性质和化学性质与体材料相比具有明显差异,如量子尺寸效应、量子隧穿效应、多激子效应和表面效应等。目前,通过软化学法制备的胶体半导体量子点具有合成方法简单、成本低廉、易分散、尺寸均一且可控性好等优点,是研究最为广泛的一类量子点材料。

1.1　胶体半导体量子点概述

1.1.1　胶体半导体量子点的性质

在量子点中,载流子运动是受尺寸限制的,量子点具有显著的量子限域效应,导致其连续的半导体能带结构演变为类原子的分立能级结构,从而具有一系列新奇的物理性质和化学性质[3]。

(1)量子限域效应:是指当材料的尺寸减小到与激子波尔半径相当时,电子和空穴波函数重叠,导致其费米能级附近的电子组态由连续变成离散排布的物理现象。

(2)量子尺寸效应:随着量子点尺寸逐渐变小,能带宽度增大,开始具有尺寸依赖的半导体带隙变化现象,其吸收和发射光谱能够通过量子点的尺寸进行调控。

(3)表面效应:量子点的表面原子数与总原子数之比随粒径的减小而增大,这导致其表面原子配位不足,表面不饱和键和悬挂键增多,从而具有较高的表面能和表面活性。

（4）量子隧穿效应：电子在纳米尺度空间表现出明显的波动性，当电压升高时，电子从一个量子阱穿越势垒进入另一个量子阱，并产生量子隧穿效应[4]。

（5）多激子效应：在传统体材料中，一个光子最多产生一个电子空穴对，即量子效率最大值为100%；但在量子点中，单个光子在激发后可产生多个电子空穴对，即多激子效应。多激子效应能够使量子点器件效率突破传统器件效率的理论极限，这在实际应用中具有非常重要的意义。

1.1.2　胶体半导体量子点的制备方法

量子点的主要制备方法包括外延生长法、胶体法和化学腐蚀法等。胶体半导体量子点可采用自下而上的胶体软化学法和自上而下的化学腐蚀法两种方法进行制备，其中以自下而上的胶体软化学法最为普遍。胶体半导体量子点的制备技术路线主要有两种：一是在油（有机）相中合成，即在具有配位性质的有机溶剂环境中，使金属与非金属元素化合，生长成量子点；二是在水相中合成，即分别制备非金属元素和金属元素的水相前驱溶液，将两种水相前驱溶液在无水无氧环境下混合，反应生成量子点。

1. 油（有机）相合成法

在有机溶液中，合成单分散性的胶体半导体量子点有两种方法：热注入法和热裂解法。热注入法是将过量的前驱体溶液快速注入温度较高的有机表面活性剂中，使其产生过饱和，借助过剩自由能使量子点成核。在成核过程中，溶液中的单体浓度急剧下降，成核速率减缓，最终形成尺寸均匀的量子点。早期，热注入法主要用于合成 Cd 基胶体半导体量子点，后来该方法也逐步用于合成金属硫化物[5-6]、过渡金属[7]和贵金属[8]的胶体半导体量子点。热裂解法是1993 年美国麻省理工学院 Murray[9-10]等提出的量子点合成方法，该方法是在低温条件下将前驱体、反应物和溶剂混合，加热到特定温度反应成核。因为热裂解法十分简单，所以有望实现宏量制备。这种方法合成的胶体半导体量子点尺寸均一，可以和热注入法相媲美。

2. 水相合成法

同油相合成法制备的胶体半导体量子点相比，水相合成法制备的胶体半导体量子点具有环境友好、安全性高、操作方法简单、扩大化生产容易实现等优点，符合现代社会绿色化学可持续发展的理念。1981 年，瑞士科学家 Kalyanasundaram 等[11]在水溶液中合成出硫化镉胶体半导体量子点。但由于水的沸点较低,且水相合成法制备的量子点的晶化程度较低,使得其光致荧光量子产率较低,且粒径分布宽(>15%)[12-13]。这成为制约水相合成量子点应用的关键因素。经过科学家们的不懈努力,胶体半导体量子点的水相合成法得到改进,合成的水相量子点质量也在逐步提升。

1.1.3　胶体半导体量子点的应用

胶体半导体量子点因具有量子限域效应、量子尺寸效应、表面效应、量子隧穿效应及多激子效应的独特物理性质和化学性质,已广泛用于发光二极管、太阳能电池、光电探测器、半导体激光器及生命科学等领域,如图 1-1 所示[14-18]。

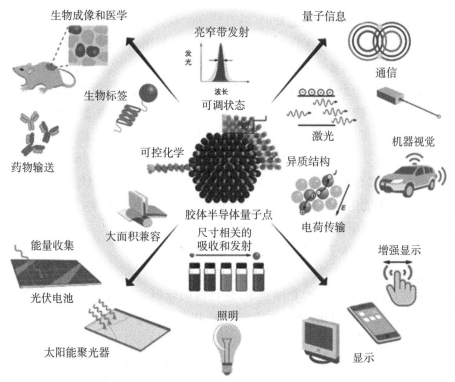

图 1-1　胶体半导体量子点在不同领域中的应用

1. 胶体半导体量子点在发光二极管中的应用

胶体半导体量子点因其优异的发光特性而广泛应用于显示与发光领域,将其作为发光层可以制作量子点发光二极管(LED)。Shen 等[19]制备了红、绿、蓝 3 种荧光的量子点 LED,相应的外量子效率分别为 21.6%、22.9% 和

8.05%,其相应亮度分别为 13 300 cd/m², 52 500 cd/m² 和 10 100 cd/m²。Sun 等[20]采用了一种新的配体(4-乙烯基-苄基-二甲基十八烷基氯化铵)对 MAPbBr₃(MA＝CH₃NH₃)钙钛矿量子点进行表面钝化,有效减少了量子点表面的缺陷态,提高了钙钛矿量子点的荧光量子产率,所制备的量子点发光二极管器件的发光强度可达 7 000 cd/m²。

2. 胶体半导体量子点在太阳能电池中的应用

胶体半导体量子点具有量子尺寸效应,通过控制其尺寸可调节其光电性能。将钙钛矿量子点引入太阳能电池中,可以极大地提高器件对太阳光的利用率,同时还可以有效降低太阳能电池的成本。2008 年,Johnston 等[16]利用 PbS 量子点和 Al 接触面形成的肖特基势垒,在 AM 1.5 光源下器件的效率为 1.8%,首次实现了效率超过 1.0% 的肖特基结构太阳能电池。随后,对 PbSe 量子点肖特基太阳能电池的大量研究结果表明,利用不同的表面修饰剂替换 PbSe 量子点表面的油酸分子对器件的性能有很大影响[14-16]。例如,用苯二硫醇钝化 PbSe 量子点表面,器件的效率为 1.1%[14];而用乙二硫醇修饰 PbSe 量子点表面,器件的效率可达 2.1%[16]。另外,量子点的禁带宽度与器件的开路电压密切相关[16]。通过改变材料特性或优化肖特基太阳能电池结构,可使器件效率达到 3.0% 以上[21-22]。2009 年,Kojima 等[23]首次将钙钛矿材料应用于太阳能电池,将有机金属卤化物 MAPbI₃、MAPbBr₃(MA＝CH₃NH₃)应用于染料敏化太阳能电池中,获得了 3.81% 的太阳能光电转换效率,该材料成为钙钛矿太阳能电池研究的重要光电材料之一。

3. 胶体半导体量子点在光电探测器中的应用

光电探测器在军事、环境监测、医学检测等领域有着广泛的应用,量子点光探测器具有较高的灵敏度和探测率,是目前国际研究的热点探测器件之一。Ramasamy 等[24]将卤化铅钙钛矿量子点 CsPbI₃ 应用于光电探测器中,获得的光/暗电流比达到 10^5。2015 年,Lee 等[25]将石墨烯与钙钛矿进行复合,成功制备了复合晶体管结构探测器,器件的光电响应度为 180 A/W,归一化探测率达到了 10^9 cm · $Hz^{\frac{1}{2}}$ · W^{-1}。2019 年,Bi 等[26]利用有机短链配体 2-氨基乙硫醇(AET)取代油酸和油胺配位体溶剂,通过钝化提高了 CsPbI₃ 量子点稳定性,研究结果表明,AET 可以在量子点表面形成致密的配体保护层,减少水分子的渗透,延缓薄膜的降解速率,提高 CsPbI₃ 量子点薄膜的光电探测器性能,在无偏压时响应度为 100 A/W,归一化探测率达到 $5×10^{13}$ cm · $Hz^{\frac{1}{2}}$ · W^{-1}。

4. 胶体半导体量子点在半导体激光器中的应用

胶体半导体量子点在激光器领域也具有良好的应用前景。例如,钙钛矿量子点具有带隙可调的独特性质,可获得从紫外到近红外波段的激光发射,这使得钙钛矿材料在激光器领域具有广阔的应用前景[27]。Xu 等[28] 实现了 $CsPbBr_3$(简写为 CPB)钙钛矿量子点与微型谐振腔的耦合,制备了具有超低阈值的双光子激光器,并且在 $CsPbBr_3$ 量子点溶液中观察到了高效的双光子吸收,吸收截面达 2.7×10^6 GM(1 GM$= 1 \times 10^{-50}$ cm^4 · s/photon)。2018 年,Li 等[29] 在室温下采用气液转移重结晶的方法制备了 $CsPbX_3$(X=Cl,Br,I),所制备的样品具有良好的单晶特性和稳定性,在保存一年后激光输出性能几乎不变。同时通过改变复合离子的方式,荧光光谱可以实现覆盖整个可见光区域,在连续波长激光激发下,可以测得量子产率约为 58%,阈值为 12.33 $\mu J/cm^2$,线宽为 0.09 nm。

5. 胶体半导体量子点在生命科学中的应用

量子点与传统的有机染料分子相比,具有发光稳定、持续时间长、可多次激发且没有明显衰减等优点[5-6];在制备过程中,量子点表面有许多与生物大分子相连的配体,更容易与生物大分子目标结合。更重要的是,量子点具有显著的量子尺寸效应,在同一能量光子的激发下可发射不同能量的光子,从而获得不同种颜色光的发射[2],因而可将量子点标定在不同的生物大分子上进行生物监控。目前,胶体半导体量子点已广泛应用在生物荧光探针、DNA 检测、生物成像与识别、分子生物学、蛋白质组学、生物传感、疾病治疗和诊断,以及荧光编码等生命科学领域中[30-32]。

1.1.4 胶体半导体量子点的分类

胶体半导体量子点按照不同标准有不同的分类方式。按照发光波段可分为紫外光量子点(如 ZnS)、可见光量子点(如 CdSe、CdS)、红外光量子点(如 PbSe、PbS)等;按照金属元素种类可分为镉基量子点、铅基量子点、铟基量子点等;按照元素组成可分为单质量子点和化合物量子点,其中单质量子点包括碳量子点、硫量子点、黑磷量子点等[33-34],化合物量子点又可分为Ⅱ-Ⅵ族量子点、Ⅲ-Ⅴ族量子点[35-36]、Ⅰ-Ⅲ-Ⅵ族量子点和卤化物钙钛矿量子点等。

不同种类量子点的化学成分、结构类型及物理性质各不相同,被应用于不同领域[34-38]。其中,卤化物钙钛矿量子点具有合成方法简单、荧光光谱可调、荧光谱线窄(<10 nm)、缺陷容忍度高、光致发光量子产率高(接近 100%)等优

势[39-42],得到学者越来越多的关注。目前卤化物钙钛矿量子点在发光二极管、太阳能电池、光电探测器、集成激光器和生物应用等多个领域有着广泛的实际应用,是最具应用潜力的量子点材料之一。卤化物钙钛矿量子点可分为有机无机杂化卤化物钙钛矿量子点(MAPbX$_3$, MA=CH$_3$NH$_3$; X=Cl, Br, I)和全无机卤化物钙钛矿量子点(CsPbX$_3$, X=Cl, Br, I)两类。全无机卤化物钙钛矿量子点比有机无机杂化卤化物钙钛矿量子点具有更好的化学稳定性,通过Cl、Br 和 I 的固溶可实现覆盖整个可见光谱的荧光发射。目前全无机卤化物钙钛矿量子点在发光二极管应用中的电致发光量子效率已经超过 20%,是最具应用潜力的显示用量子点材料之一。本书所研究的对象为全无机卤化物钙钛矿量子点材料。

1.2 全无机卤化物钙钛矿量子点概述

1839 年,俄罗斯矿物学家 L. A. Perovski 在乌拉尔山脉发现了钙钛矿材料,这种材料即以他的名字命名,为 Perovskite[43]。在相当长一段时期内,人们研究的钙钛矿材料主要为氧化物钙钛矿材料 ABO$_3$(A=Ca, Sr, Ba 等,B=Ti, Zr, Mn 等)。全无机卤化物钙钛矿材料的研究起源于 20 世纪 50 年代,研究人员合成出 CsPbX$_3$(X=Cl, Br, I),但当时并没有深入研究其光学性质。直到 1997 年,研究人员开始研究其光学性质,但是其性能并不令人满意[44]。2015 年俄罗斯科学家 Kevolenko 首次制备出全无机卤化物钙钛矿量子点材料CsPbX$_3$(X=Cl, B, I)[45],该量子点除具有量子尺寸效应外,还可以通过 Cl、Br、I 3 种元素的固溶实现整个可见光光谱的荧光发射,且具有较高的量子效率。随后的几年里,全无机卤化物钙钛矿量子点的研究成为世界科技前沿的热点,CsPbX$_3$(X=Cl, Br, I)广泛应用于发光二极管、太阳能电池、光电探测器、激光器和生物应用等多个领域,并展现出非常优异的光电物理性能。

1.2.1 全无机卤化物钙钛矿量子点的结构与性质

与金属氧化物钙钛矿(CaTiO$_3$)结构类似,全无机卤化物钙钛矿的化学式为 ABX$_3$,其中 A 表示一价阳离子,一般为碱金属离子;B 表示二价阳离子,如Pb^{2+};X 代表卤素离子。图 1-2 为典型的全无机卤化物钙钛矿 CsPbBr$_3$ 的晶体结构图,其中 A 为 Cs$^+$,B 为 Pb^{2+},X 为 Br$^-$。Cs$^+$ 位于立方体的 8 个顶点,Br$^-$ 在立方体的 6 个面心的位置,与处于中心位置的 Pb^{2+} 形成[PbX$_6$]$^{4-}$ 正八

面体。此外,形成稳定的全无机卤化物钙钛矿结构会受到诸多因素的限制,其中一个重要的因素是容忍因子 t[46]:

$$t = \frac{r_A + r_X}{\sqrt{2}(r_B + r_X)} \qquad (1-1)$$

式中,r_A 代表 A 位点的有效离子半径,r_X 与 r_B 分别表示 X 位点和 B 位点的离子有效半径。当 t 值在 0.8 至 1.0 之间时,形成的钙钛矿结构比较稳定;当不能满足容忍因子的要求时,全无机卤化物钙钛矿结构的八面体框架稳定性显著降低。

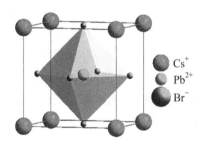

图 1-2　全无机卤化物钙钛矿 CsPbBr$_3$ 的晶体结构图

全无机卤化物钙钛矿量子点除了具备其他量子点所具备的特性外,还具备一些自身的独特性质。首先,全无机卤化物钙钛矿量子点的合成方法简单,除了用传统量子点的热注入合成方法外,还可在常温下通过过饱和重结晶、球磨等方法合成得到。其次,全无机卤化物钙钛矿量子点荧光光谱可通过卤族元素 Cl、Br、I 的固溶来实现调控,获得整个可见光谱范围内的荧光发射,且全无机卤化物钙钛矿量子点的色域更宽[46],显色性更好。最后,全无机卤化物钙钛矿量子点具有较高的缺陷容忍度和载流子迁移率,其荧光量子效率高(接近 100%)、光电响应速度快。以上这些特点使全无机卤化物钙钛矿量子点在太阳能电池、半导体显示、X 射线成像、半导体激光器和单光子探测等领域的应用具有独特优势[47-48]。

1.2.2　全无机卤化物钙钛矿量子点应用中存在的主要问题

尽管全无机卤化物钙钛矿量子点具有优异的光电物理特性,并且广泛应用于太阳能电池、半导体显示、X 射线成像、半导体激光器和单光子探测等领域。然而,全无机卤化物钙钛矿量子点在实际应用过程中仍存在以下问题。首先是其化学稳定性问题,包括其对光、氧气、湿度、热等多方面的稳定性。例如,在光伏领域,尽管器件效率已与 Si 基太阳能电池相当,但是全无机卤化物钙钛矿光伏器件稳定工作时长与 Si 基电池相比仍有较大差距。尤其是在长期强光光照下全无机卤化物钙钛矿自身的稳定性难以满足实际应用需求,成为其产业化面临的首要问题。其次,不同于传统量子点材料,全无机卤化物钙钛矿具有离子化合物的特性,在极性溶剂中很容易分解,自身容易发生阴离子交换,同时具有突出的离子迁移问题。此外,近来对全无机卤化物钙钛矿量子点材料较多质疑的是 Pb 的毒性问题。在全无机卤化物钙钛矿量子点中,铅基钙钛矿量子点是最炙手可热的材料之一,但铅对人体的神经系统、心血管系统、骨骼系统等多方面均有影响,并可以通过皮肤接触直接进入体内,且其在生物体中的代谢十分困难。因此为了从根本上解决其毒性问题,无铅钙钛矿量子点的研究呼声越来越高。除此之外,钙钛矿量子点的应用还存在批量化制备、薄膜均匀性等问题。但材料的化学稳定性是最首要和根本的问题,钙钛矿量子点所有的应用都需要以稳定性问题解决为前提。因此,本书主要针对钙钛矿量子点的化学稳定性问题,提出一些可借鉴的解决方案。

1.2.3 全无机卤化物钙钛矿量子点化学稳定性问题及其解决方法

全无机卤化物钙钛矿量子点的 A 位一般为一价金属阳离子(Cs^+、Rb^+)或有机小分子(FA^+、MA^+,$FA=CH_4H_2$,$MA=CH_3NH_3$),B 位一般是二价金属阳离子(Pb^{2+}、Sn^{2+}、Bi^{2+}、Sb^{2+} 等),X 位一般是卤素离子(Cl^-、Br^-、I^-)。与早期研究的金属氧化物钙钛矿量子点不同,全无机卤化物钙钛矿量子点具有较强的离子属性[49]、高表面能[50]和亚稳结构[51],因而对环境高度敏感,容易被极性溶剂溶解,从而造成结构坍塌,发生形变[52],并降低荧光量子产率[53]。即使暴露在空气中,全无机卤化物钙钛矿量子点也会在水及氧气的协同作用下发生相转变、团聚甚至降解[54],从而引起荧光猝灭,进而造成器件性能下降。特别是 B 位易被氧化的金属元素基钙钛矿量子点,其对环境更为敏感。例如锡基钙钛矿量子点材料在遭遇环境侵蚀时,Sn(Ⅱ)极易被氧化成 Sn(Ⅳ),加剧了卤素空位和间隙金属缺陷的形成,进一步加速了钙钛矿结构的坍塌[55]。

此外,在传统钙钛矿量子点的制备过程中,将油酸、油胺作为配体,量子点表面配体与环境处于动态平衡状态,即配体不断在量子点表面吸附-脱附,且油酸、油胺与量子点表面的化学结合相对较弱,质子化的油胺在离开量子点表面时,为使电荷平衡通常会带走油酸或者卤素,因此配体很容易在提纯或者应用过程中从表面脱落,从而导致量子点团聚沉淀,失去胶体稳定性[56]。配体交换的发生也会导致不同卤素钙钛矿量子点接触后发生阴离子交换,从而产生一种混合卤素组分的新钙钛矿量子点。卤素组分的改变体现在初始钙钛矿量子点发射光谱的融合,从而形成一个较宽的发射光谱,宏观表现为全无机卤化物钙钛矿量子点受激后荧光颜色发生改变。因此,提高全无机卤化物钙钛矿量子点稳定性成为提高全无机卤化物钙钛矿量子点器件性能和使用寿命的关键。

为了提升全无机卤化物钙钛矿量子点的化学稳定性,研究人员进行了大量的研究工作,主要方法可归纳总结如下:①对钙钛矿量子点进行掺杂,提高其形成能,从而提升全无机卤化物钙钛矿量子点的化学稳定性;②选择合适配体修饰全无机卤化物钙钛矿量子点表面,减少表面缺陷;③通过与无机物或有机物形成异质结构来阻止环境异类原子和分子的侵蚀;④多层保护进一步提升粒子稳定性。其中,掺杂和形成异质结构是提升全无机卤化物钙钛矿量子点化学稳定性较为常用的方法[57]。

1.3　全无机卤化物钙钛矿量子点的掺杂

掺杂,即在主体中引入特定的杂质离子,是调制材料基本性质[58-59]的一种有效方法;但掺杂并不改变材料的晶体结构。因此,掺杂是调制微电子学和光电子学半导体材料基本特性最有效的方法之一。从 20 世纪 40 年代半导体科学研究开始,掺杂工程就吸引了科学家的目光。与合成形成鲜明对比,掺杂仅仅依赖晶格中的少量杂质原子就使半导体的物理特性发生较大变化。除此之外,掺杂的异类原子会使晶格中的应力不平衡、材料的化学键能发生变化,从而实现材料化学稳定性的提升。

在全无机卤化物钙钛矿中,掺杂通常意味着用目标离子部分取代原始组成元素,适当掺杂有助于稳定晶体结构[60-62]、调谐发光特性[63-64],以及提高光电子器件的性能[65-66]。由于特殊的离子晶体结构[67-68],全无机卤化物钙钛矿的掺杂比传统半导体更容易、更多样化。例如,引入较大离子半径的 A 位点掺杂可以提升 α 相碘基卤化物钙钛矿量子点的化学稳定,有效解决碘基卤化物钙钛矿量子点容易相变的问题[69-70]。尽管金属卤化物钙钛矿的掺杂被广泛研究,有研究分析和总结了 B 位点金属取代对钙钛矿[71-72]的影响,但不同位点的掺杂对晶体结构、电子结构、光学性能和 LED 性能的影响还没有系统的报道。

1.4　全无机卤化物钙钛矿量子点的异质结构

　　两种具有不同电子态结构的半导体纳米材料在形成异质结构时费米能级不同，这会导致结晶区之间存在载流子的扩散，能够进一步调制材料的光电物理特性，实现高效功能器件的制备，因此异质结构是目前半导体纳米材料与器件研究的热点[73-74]。半导体异质结构是两种不同半导体接触的界面区域或结构。两种半导体的带隙宽度和能带位置（根据真空水平）不同，因此在导带（CB）底部和价带（VB）顶部会分别形成不连续带，分别称为导带偏移（CBO）和价带偏移（VBO）。基于CBO和VBO，半导体异质结构可分为3类：跨接间隙（Ⅰ型）、交错间隙（Ⅱ型）或断裂间隙（Ⅲ型），如图1-3所示。不同类型异质结构对载流子的调制特性不同，使得不同结构的异质结构发光性能也不尽相同。因此，半导体纳米异质结构的构筑已经广泛地应用于荧光增强和材料与器件的性能提高等方面[75-76]。目前大多数异质结构材料为硫系化物半导体、金属氧化物、贵金属等材料[77-78]。近期，金属卤化铅钙钛矿纳米异质结构逐渐成为该领域的研究热点，这是因为这些异质结构可以提供接近100%的光致发光量子产率（PLQY），更重要的是异质结构半导体的保护作用可显著提升钙钛矿量子点材料的化学稳定性。

　　目前有关钙钛矿异质结构的物理机制研究还不够深入，因此，亟须对钙钛矿异质结构界面的物理特性和反常的荧光特性等进行深入研究[79-80]。

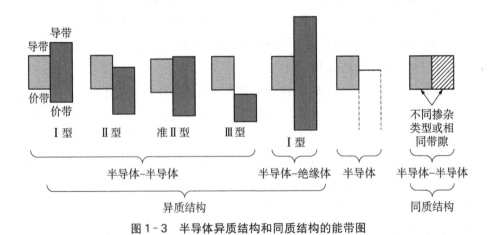

图1-3　半导体异质结构和同质结构的能带图

1.5　全无机卤化物钙钛矿量子点的复合结构

　　全无机卤化物钙钛矿量子点的应用面临最首要的问题是化学稳定性问题。除了上述提及的通过掺杂和形成异质结构的方式提升其化学稳定性外，将全无机卤化物钙钛矿量子点与化学稳定性良好的材料进行复合，也是提升全无机卤化物钙钛矿量子点化学稳定性的最常用方法之一。目前与全无机卤化物钙钛矿量子点复合的材料有 5 种：有机聚合物，如聚苯乙烯[81]、N-乙烯基吡咯烷酮(PVP)[82]、聚甲基丙烯酸甲酯(PMMA)[83]、乙烯-醋酸乙烯酯(EVA)基体[84]等；玻璃材料，如硅酸盐玻璃[85]、磷酸盐玻璃[86]、硼锗酸盐玻璃等；氧化物纳米材料，如 AlO_x[87]、纳米 SiO_2[88]、TiO_2[89] 等；介孔材料，如 SiO_2[90]、Al_2O_3、TiO_2[91]、金属有机框架[92]等；无机盐，如 $NaNO_3$[93]、CaF_2[94] 等。尽管复合结构能够有效提升全无机卤化物钙钛矿量子点的化学稳定性，但复合结构的荧光量子效率会下降，其电学性能较差。

第2章 钙钛矿量子点的掺杂及其发光性质

全无机铯铅卤钙钛矿量子点（CsPbX$_3$，X＝Cl，Br，I）因具有高光致发光量子效率、可调的荧光光谱和高缺陷容忍度等优点，是目前显示和照明等领域最具应用潜力的半导体材料之一[95-96]。与有机-无机钙钛矿（MAPbX$_3$，MA＝CH$_3$NH$_3$、X＝Cl，Br，I）材料相比，全无机铯铅卤钙钛矿量子点受氧气和水分的影响相对较小，因此其化学稳定性相对较高[97-98]，同时 CsPbX$_3$（X＝Cl，Br，I）量子点可通过卤素的比例改变来调节荧光光谱，从而覆盖整个可见光波段[99-100]。但是，对于 CsPbX$_3$（X＝Cl，Br，I）量子点，尽管其发光单色性能优异，但因缺乏共发光离子导致其无法实现丰富的色彩（复色）显示特性。虽然卤素的调节可使其发射光谱覆盖整个可见光波段，但是各卤素离子之间极易发生离子交换，因此无法通过简单混合得到钙钛矿量子点的复色发光[101]。

相对于激子发光，以稀土离子为发光中心的发光材料具有来源于 4f→4f或者 5d→4f 电子跃迁的宽荧光发射谱带[102]，但是其发光谱带相对稳定，因此很难实现稀土离子的发光调控。将稀土离子掺杂到 CsPbX$_3$（X＝Cl，Br，I）量子点中，不仅可以保持钙钛矿量子点的荧光光谱可调节性能，还能够体现稀土离子宽带荧光发射性能，从而实现量子点材料从单色发光到复色发光的转换，有效克服了不同卤素量子点复合发生离子交换无法获得复色光的问题。

在众多稀土离子中，三价铕离子（Eu^{3+}）作为发光中心被广泛应用于各种量子点的掺杂，从而拓宽其荧光光谱[103-104]。Pan 等[105]和 Hu 等[106]报道了Eu^{3+} 掺杂的 CsPbX$_3$ 量子点，他们仅实现了 CsPbCl$_3$ 和 CsPbBr$_3$ 的离子掺杂，并没有实现其发光光谱的连续调控，CsPbX$_3$ 量子点荧光光谱可调的优点并没有体现。因此，将 Eu^{3+} 掺入 CsPb(Cl/Br)$_3$[或者 CsPb(Br/I)$_3$]固溶体得到连续可调的发射谱带仍然是一个挑战。此外，与 CsPbCl$_3$ 和 CsPbBr$_3$ 相比，红光CsPbI$_3$ 量子点的稳定性相对较差。通过掺杂 Eu^{3+} 实现红光发射，能够弥补

CsPbI$_3$ 量子点红光发射不稳定这一缺陷。

本章主要介绍 Eu^{3+} 掺杂的 CsPbCl$_{3-x}$Br$_x$($x=0$，1，1.5，2，3)量子点能带调控发光工程的研究内容。钙钛矿量子点不仅具有窄激子光致发光谱的可调节特性，还具有稀土铕离子的宽光谱发光属性，可实现 CsPbCl$_{3-x}$Br$_x$($x=0$，1，1.5，2，3)钙钛矿量子点可调的单色光和复色光切换，进一步拓宽钙钛矿量子点的荧光光谱范围。其中，CsPbCl$_{3-x}$Br$_x$ 的光谱范围覆盖蓝光至绿光(400~520 nm)，单掺 Eu^{3+} 光谱覆盖红光范围(590~700 nm)。同时，Eu^{3+} 的自旋极化载流子 ^{5}D$_0$→^{7}F$_{1-6}$ 辐射跃迁产生的荧光表明，辐射跃迁能量来自量子点的能量转移。这种能量转移是具有温度依赖性的，这是因为非辐射转移概率的提升使量子点荧光强度减弱，掺杂离子荧光强度增加。

2.1　Eu^{3+} 掺杂 CsPbX$_3$ 量子点的制备

试验所需的主要化学试剂包括碳酸铯(99.9%)、1-十八烯(≥90%)、溴化铅(99.9%)、十八烯酸(90%)、十八烯胺(90%)、氯化铅(99%)、油酸(90%)、油胺(90%)、硝酸铕(90%)。

1. 油酸铯前驱体的合成

油酸铯通过 Protesescu 的试验方法进行合成[107-108]。具体步骤：在三颈烧瓶中加入 0.8 g 碳酸铯、2.4 mL 油酸、30.0 mL 1-十八烯，在氮气氛围下 120℃反应 1 h，然后升温至 160℃直到碳酸铯与油酸完全反应，最终获得油酸铯前驱体溶液。

2. Eu^{3+} 掺杂 CsPbX$_3$ 量子点的合成

Eu^{3+} 掺杂 CsPbX$_3$ 量子点用改良热注入方法进行合成。以 CsPbCl$_{1.5}$Br$_{1.5}$：Eu^{3+} 量子点为例：0.0696 g 硝酸铕(0.1560 mmol)、0.0310 g 氯化铅(0.1115 mmol)和 0.0409 g 溴化铅(0.1115 mmol)与 8.6 mL 1-十八烯、1.4 mL 油胺、1.4 mL 油酸混合，在氮气氛围下 120℃脱气 30 min，然后升高反应温度至 200℃，保持 30 min。随后，迅速注入 1 mL 油酸铯溶液，反应 1 min 后得到 CsPbCl$_{1.5}$Br$_{1.5}$：Eu 量子点。在转速为 9000 r/min 条件下离心收集合成出的量子点，将其分散在正己烷中保存以便进行后续测试。CsPbCl$_{3-x}$Br$_x$：Eu^{3+}($x=0$，1，2，3)量子点的合成方法与之类似，只需根据 Cl$^-$、Br$^-$ 的不同比例来调节氯化铅与溴化铅的前驱体量进行合成。

2.2　Eu³⁺掺杂CsPbX₃量子点的表征及性质研究

2.2.1　Eu³⁺掺杂CsPbX₃量子点的荧光和吸收光谱

通过控制Cl^-、Br^-的比例来实现激子发光的调控,室温下$CsPbCl_{3-x}Br_x$:Eu^{3+}的光致发光性能如图2-1(a)所示,光谱测试的激发光为365 nm。从图2-1可以看出,在409 nm、444 nm、459 nm、481 nm、521 nm的位置有明显的荧光发射峰,源于不同Cl^-/Br^-比例的$CsPbX_3$量子点的激子发射,其中Cl^-/Br^-比例分别为3∶0、2∶1、1.5∶1.5、1∶2、0∶3。此外,在591 nm、618 nm、698 nm处的发射峰分别是由Eu^{3+}的$^5D_0 \rightarrow {}^7F_1$、$^5D_0 \rightarrow {}^7F_2$、$^5D_0 \rightarrow {}^7F_4$的跃迁产生。其中,最明显的发射峰是由$^5D_0 \rightarrow {}^7F_2$的跃迁产生的,其发射峰位于618 nm处;发射强度相对较弱的发射峰位于591 nm,是由$^5D_0 \rightarrow {}^7F_1$的跃迁产生,其强度与$Eu^{3+}$所处的离子环境有关[109]。从图2-1(b)可以看出,随着Br^-含量的逐渐增加,相对应的吸收谱峰也发生了红移。

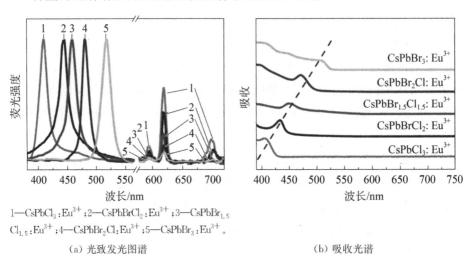

1—$CsPbCl_3$:Eu^{3+};2—$CsPbBrCl_2$:Eu^{3+};3—$CsPbBr_{1.5}$$Cl_{1.5}$:$Eu^{3+}$;4—$CsPbBr_2Cl$:$Eu^{3+}$;5—$CsPbBr_3$:$Eu^{3+}$。

(a) 光致发光图谱　　　　　　　　(b) 吸收光谱

图2-1　$CsPbCl_{3-x}Br_x$:Eu^{3+}($x=0$, 1, 1.5, 2, 3)量子点的光致发光图谱和吸收光谱

如图2-1(a)所示,当Br^-含量增加时,Eu^{3+}的发射强度下降。其主要原因包含两方面。一方面,根据X射线光电子能谱(XPS)测试结果,$CsPbBr_3$:Eu^{3+}量子点中Eu^{3+}的含量为4.56%,比$CsPbCl_3$:Eu^{3+}量子点中Eu^{3+}的含量减少了1.74%,可得Eu^{3+}含量随着Br^-含量的增加而减少,因此Eu^{3+}的发射

强度降低。这主要是因为 Br^- 的离子半径大于 Cl^-,在一定程度上阻碍了 Eu^{3+} 掺杂进 $CsPbX_3$ 的晶格,使得 Eu^{3+} 含量减少,进一步影响其发射光强度。另一方面,在相同测试条件下,$CsPbBr_3$ 的发光强度要强于 $CsPbCl_3$ 的发光强度,因此激子发射峰归一化后,Eu^{3+} 的发射强度降低。如图 2-2 所示,当测试仪器参数和量子点溶液浓度(3.54×10^{-4} mmol/mL)相同时,$CsPbCl_3$ 位于 409 nm 处发射峰的强度远低于 $CsPbBr_3$ 位于 521 nm 处的荧光峰强度。但是,可以明显看出在 618 nm 处,与 $CsPbBr_3$:Eu^{3+} 相比,$CsPbCl_3$:Eu^{3+} 中 Eu^{3+} 的荧光峰强度要更大。因此,尽管随着 Br^- 含量的增加,激子发射峰的强度逐渐减弱,但是归一化后,Eu^{3+} 的发射峰强度呈现下降趋势。

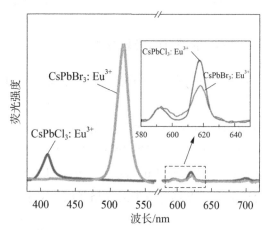

图 2-2　$CsPbCl_3$:Eu^{3+} 与 $CsPbBr_3$:Eu^{3+} 归一化前的光致发光强度对比

图 2-1(b)为 $CsPbCl_{3-x}Br_x$:Eu^{3+}($x = 0$, 1, 1.5, 2, 3)量子点的吸收光谱。吸收峰分别位于 404 nm、434 nm、450 nm、471 nm、510 nm,与 409 nm、444 nm、459 nm、481 nm、521 nm 的发射峰一一对应。相应的斯托克斯位移分别为 5 nm、10 nm、9 nm、10 nm、11 nm,可见量子点比荧光粉具有更小的斯托克斯位移[110]。图 2-3 为 $CsPbX_3$:Eu^{3+} 量子点的斯托克斯位移折线图。由于斯托克斯位移是电子从激发态回到基态时发生的能量弛豫所导致的,斯托克斯位移越小表明被吸收的能量在辐射发光过程中的利用效率越高。此外,反应温度的升高有利于 Eu^{3+} 的掺杂。图 2-4 显示了在不同反应温度(170℃、200℃、230℃)下的 Eu^{3+} 荧光强度对比情况,由图 2-4 可知提高反应温度能促进 Eu^{3+} 掺入 $CsPbX_3$ 晶格。

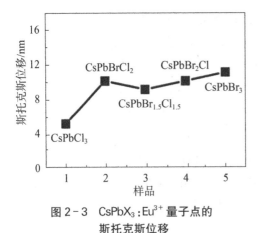

图 2-3　CsPbX$_3$:Eu^{3+}量子点的
斯托克斯位移

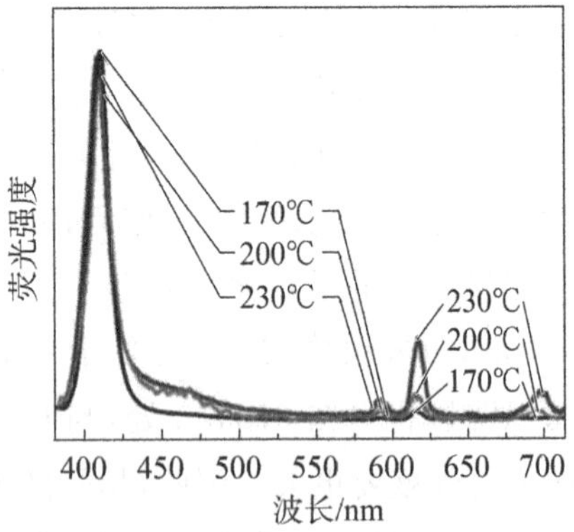

图 2-4　不同温度下 Eu^{3+}掺杂 CsPbX$_3$ 的
光致发光图谱

2.2.2　Eu^{3+}掺杂 CsPbX$_3$ 量子点的形貌分析

图 2-5 是 CsPbCl$_{3-x}$Br$_x$:Eu^{3+}量子点的透射电镜形貌图。从透射电镜形貌图可以得到,CsPbCl$_{3-x}$Br$_x$:Eu^{3+}量子点呈长方体形貌,量子点分散均匀。当 Eu^{3+}掺杂量相同时,对于不同卤素离子组成的纳米晶格,其尺寸不同,这是因为 Cl$^-$ 的半径小于 Br$^-$,当 Cl$^-$ 逐渐被半径更大的 Br$^-$ 取代后,产物的粒径也会逐渐增大。未掺杂 Eu^{3+} 和掺杂 Eu^{3+} 的量子点都具有良好的结晶性,从图 2-5 可以看到所合成的量子点具有清晰的晶格条纹;不同的是,Eu^{3+} 掺杂后的

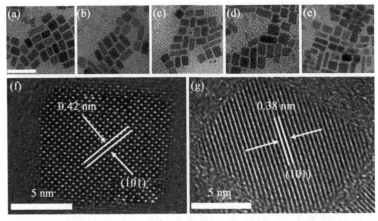

图 2-5　CsPbCl$_{3-x}$Br$_x$:Eu^{3+}量子点的透射电镜形貌图

(a)CsPbCl$_3$:Eu^{3+}(标尺为 50 nm);(b)CsPbCl$_2$Br:Eu^{3+};(c)CsPbCl$_{1.5}$Br$_{1.5}$:Eu^{3+};(d)CsPbClBr$_2$:Eu^{3+};(e)CsPbBr$_3$:Eu^{3+};(f)CsPbCl$_3$:Eu^{3+};(g)CsPbCl$_3$:Eu^{3+}[(f)(g)中量子点的(101)晶面的晶面间距分别为 0.42 nm 和 0.38 nm,晶面间距的缩小是因为离子半径更小的 Eu^{3+} 取代了 Pb^{2+}]

量子点(101)晶面为 0.38 nm，未掺杂 Eu^{3+} 量子点的晶面间距为 0.42 nm。这一结果与 Eu^{3+} 半径(0.095 nm)比 Pb^{2+} 小的结论是一致的[111]。当 Eu^{3+} 逐步取代 Pb^{2+} 时，量子点的晶格收缩，晶面间距随之变小以形成稳定结构。此外，未掺杂 Eu^{3+} 的 $CsPbCl_3$ 的平均尺寸为 10.24 nm，这比 Eu^{3+} 掺杂的尺寸(13.63 nm)要略小，这是由掺杂的反应温度更高、反应时间更长引起的。

如图 2-5(a)～(e)所示，对 $CsPbCl_{3-x}Br_x:Eu^{3+}$ ($x=0, 1, 1.5, 2, 3$)量子点粒径大小进行统计发现，量子点粒子尺寸随着卤素组分变化而发生变化。当 x 分别为 0、1、1.5、2、3 时，量子点的平均粒径 d_{ave} 分别是 13.63 nm、14.42 nm、14.75 nm、15.29 nm、16.01 nm，粒径分布如图 2-6 所示。由于 Cl^- 的半径小于 Br^-，随着量子点中 Br^- 的增加，Cl^- 逐渐被半径更大的 Br^- 取代后，量子点的粒径也会逐渐增大。

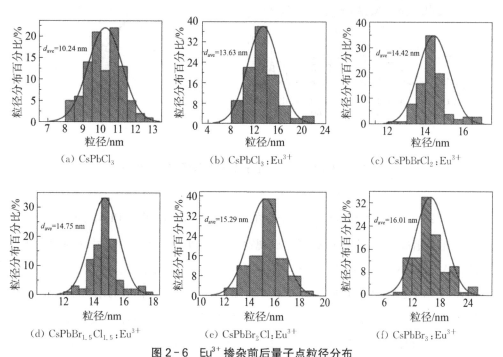

图 2-6　Eu^{3+} 掺杂前后量子点粒径分布

2.2.3　$CsPbCl_3:Eu^{3+}$ 量子点的物相及组分分析

根据量子点的 X 射线衍射图 2-7(a)可知，$CsPbCl_3:Eu^{3+}$ 与 $CsPbCl_3$ 标准

卡片 PDF#18-0366 的衍射峰峰位一致,量子点为立方相晶体结构。但是对于 $CsPbCl_3:Eu^{3+}$ 量子点,(101)晶面衍射角向高角度偏移了 0.22°,这是由 Eu^{3+} 取代使量子点晶格收缩造成的,与高分辨率的透射电镜(HRTEM)中的晶格收缩结论相符。其结构模型如图 2-7(b)所示,Cs^+ 位于立方体的 8 个顶角上,Cl^- 位于立方体的 8 个面心,Pb^{2+} 在立方体的中心,并以 Pb^{2+} 为中心、Cl^- 为顶点形成了八面体。这种结构是典型的 ABX_3 式钙钛矿量子点结构。Eu^{3+} 掺杂会取代部分 Pb^{2+},形成以 Eu^{3+} 为中心的八面体;同时由于 Eu^{3+} 半径小于 Pb^{2+},晶格收缩,X 射线衍射峰向右移动。

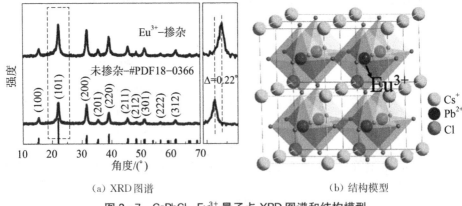

(a) XRD 图谱　　　　　　　　　　　　　(b) 结构模型

图 2-7　$CsPbCl_3:Eu^{3+}$ 量子点 XRD 图谱和结构模型

图 2-8 是 $CsPbCl_3:Eu^{3+}$ 量子点的 XPS 图谱,表征了 $CsPbCl_3:Eu^{3+}$ 量子点的元素组成及各元素价态,可明显观察到 Cs、Pb、Cl 元素的信号峰,而 Eu^{3+} 的信号相对较弱。从图 2-8 可以看出,结合能峰值位于 723.82 eV、737.71 eV,是 Cs 的 3d 轨道[112-113]。Pb^{2+} 的 $4f_{7/2}$ 和 $4f_{5/2}$ 轨道的结合能峰值分别为 137.81 eV、142.73 eV[114-115]。Cl 的 2p 轨道自旋耦合分裂为 $2p_{3/2}$ 与 $2p_{1/2}$,二者相差 1.71 eV,其中 $2p_{3/2}$ 轨道结合能为 197.52 eV,与其在 $PbCl_2$ 中的状态一致[116-117]。同时,Eu 元素的信号同样能够检测到,其信号峰位于 1135.12 eV,尽管没有其他元素的信号峰强,但与以前研究结果一致[118-119],这表明 Eu^{3+} 精确掺杂到 $CsPbBr_3$ 晶格中。根据 XPS 测试结果可知,在量子点中 Eu^{3+} 的摩尔分数为 4.56%,这证明可以实现 Eu^{3+} 在 $CsPbBr_3$ 量子点中掺杂。

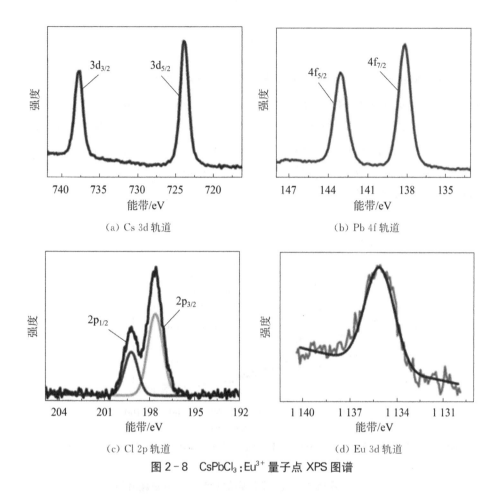

（a）Cs 3d 轨道　　　　　　　　　（b）Pb 4f 轨道

（c）Cl 2p 轨道　　　　　　　　　（d）Eu 3d 轨道

图 2 - 8　CsPbCl₃∶Eu³⁺ 量子点 XPS 图谱

　　Eu³⁺ 进入 CsPbX₃ 晶格后，可通过时间分辨荧光衰减曲线（见图 2 - 9）进一步探究量子点的瞬态荧光物理特性，量子点的荧光衰减曲线为双指数衰减，拟合公式为

$$y = A_1 \exp\left(-\frac{x}{\tau_1}\right) + A_2 \exp\left(-\frac{x}{\tau_2}\right) + y_0 \qquad (2 - 1)$$

式中，y 和 y_0 分别是时间 t 和 0 时的光强度；A_1 和 A_2 分别是寿命 τ_1 和寿命 τ_2 所占的比例。对于 CsPbCl₃∶Eu³⁺ 量子点，在 409 nm 处，τ_1 为 1.21 ns，占比为 99.99%；τ_2 为 4.77 ns，占比为 0.01%。通过平均寿命计算公式[见式（2 - 2）][120]可得到 CsPbX₃∶Eu³⁺ 的平均寿命 τ_{ave} 为 1.21～6.48 ns，具体的寿命值如表 2 - 1 所示。

$$\tau_{ave} = \frac{\sum A_i \tau_i^2}{\sum A_i \tau_i} \tag{2-2}$$

CsPbX$_3$:Eu^{3+}的曲线拟合与未掺杂 Eu^{3+}的量子点相似。此外，由于 Eu^{3+}的存在，部分能量会从激子转移到 Eu^{3+}，使其电子从高自旋的^{5}D$_0$态跃迁至低自旋的^{7}F$_{0-6}$态，CsPbX$_3$和 Eu^{3+}分别充当能量的给体和受体，因此 CsPbX$_3$:Eu^{3+}的寿命比未掺杂 Eu^{3+}的小，荧光寿命短表明量子点有着更高的激子复合率，同时向缺陷态的转移概率更小。从图 2-9 还能看出，当 Cl$^-$逐渐被 Br$^-$取代时，激子复合的速率变快[121]。

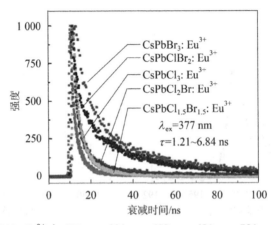

图 2-9 CsPbX$_3$:Eu^{3+} 在 409 nm、444 nm、458 nm、481 nm、521 nm 处的衰减曲线

表 2-1 双指数衰减计算所得的 CsPbX$_3$:Eu 衰减时间

试样	τ_1/ns	A_1/%	τ_2/ns	A_2/%	τ_{ave}
CsPbCl$_3$:Eu^{3+}	1.21	99.99	4.77	0.01	1.21
CsPbCl$_2$Br:Eu^{3+}	9.92	0.17	1.76	99.83	1.85
CsPbCl$_{1.5}$Br$_{1.5}$:Eu^{3+}	7.64	0.18	1.63	99.82	1.68
CsPbClBr$_2$:Eu^{3+}	20.46	0.96	2.71	99.04	3.92
CsPbBr$_3$:Eu^{3+}	20.43	3.44	3.84	96.56	6.48

2.2.4 CsPbX$_3$:Eu^{3+}量子点的变温荧光特性研究

为了深入研究 CsPbCl$_{3-x}$Br$_x$:Eu^{3+}量子点的荧光特性，对 CsPbBr$_3$:Eu^{3+}

荧光与温度之间的关系进行了探讨。如图 2 - 10 所示,随着温度的升高,激子的荧光发射强度逐渐减弱,但是 Eu^{3+} 的荧光发射峰反而逐渐增强。这是因为随着温度的提高,非辐射跃迁的概率增大,有更多的激子辐射能量转移至 Eu^{3+} 的 $^{5}D_{0}$ 轨道上。

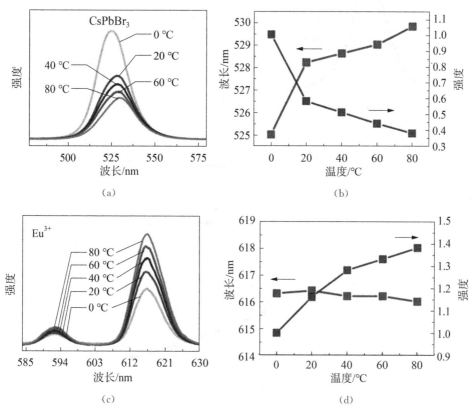

图 2 - 10　激子(a)与 Eu^{3+} 掺杂(c)的 $CsPbBr_{3}$ 量子点的温度稳定性光谱图,以及主体的激子峰强度(b)、Eu^{3+} 荧光强度和发光峰位(d)随温度变化的折线图

为了证明以上结论,对未掺杂 Eu^{3+} 的 $CsPbBr_{3}$ 量子点的变温荧光性质进行研究,如图 2 - 11 所示。通过对比发现,当温度升高时,尽管未掺杂 Eu^{3+} 的 $CsPbBr_{3}$ 与 $CsPbBr_{3}$: Eu^{3+} 的激子荧光强度都在下降,但是在相同条件下 $CsPbBr_{3}$: Eu^{3+} 量子点的激子发射强度的下降速率比 $CsPbBr_{3}$ 的快,二者下降速率变化对比情况如图 2 - 12 所示。除了温度会使荧光强度下降之外,$CsPbBr_{3}$: Eu^{3+} 中激子的部分能量转移到 Eu^{3+} 上,导致 Eu^{3+} 荧光强度升高;$CsPbBr_{3}$: Eu^{3+} 中激子荧光强度因能量转移的存在比未掺杂稀土离子的

CsPbBr$_3$ 量子点的荧光强度下降速率快。此外,随着温度的升高,非辐射转移也会引起载流子和晶格的相互作用而产生晶格热,导致荧光强度下降。

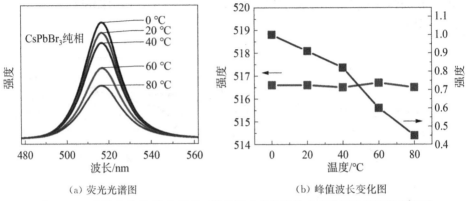

(a) 荧光光谱图　　　　　　　　　(b) 峰值波长变化图

图 2-11　未掺杂 Eu^{3+} 的 CsPbBr$_3$ 随着温度变化的荧光光谱图和峰值波长变化

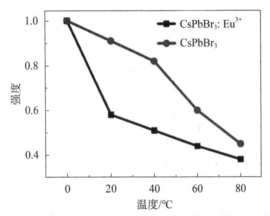

图 2-12　CsPbBr$_3$ 和 CsPbBr$_3$:Eu^{3+} 量子点在不同温度下的荧光强度

从图 2-12 可知,温度从 0℃变化到 20℃时,CsPbBr$_3$:Eu^{3+} 的激子荧光强度下降至原来强度的 58%,而 CsPbBr$_3$ 仍能够保持原强度的 91%。随着温度的进一步升高,激子发光强度发生更显著的下降;当温度升到 80℃时,CsPbBr$_3$ 的荧光强度降为原来的 45%,而 CsPbBr$_3$:Eu^{3+} 仅为原来的 38%。结果表明 CsPbBr$_3$:Eu^{3+} 非辐射能量转移的比例比未掺杂的量子点大。其中,CsPbBr$_3$ 的能量损失主要来源非辐射能量转移时与晶格的相互作用。除了与晶格的相互作用,CsPbBr$_3$:Eu^{3+} 还存在转移至 Eu^{3+} 能级的部分能量,使 Eu^{3+} 的发光强度增大，以上量子点的荧光强度随温度变化的结果证明了激子和掺杂离子之间存在能量转移。

除了激子的荧光强度，$CsPbBr_3:Eu^{3+}$ 的激子荧光峰位也发生了一些细微变化。与 $CsPbBr_3$ 相比，在 $0^{\circ}C$ 时，$CsPbBr_3:Eu^{3+}$ 的激子荧光发射峰位于 $525.2\ nm$，而未掺杂的 $CsPbBr_3$ 的发射峰位于 $516.6\ nm$。根据量子限域效应，$CsPbBr_3$ 的带隙为

$$E = E_g + \frac{h^2\pi^2}{2\mu R^2} - \frac{1.786e^2}{4\pi\varepsilon R} \qquad (2-3)$$

式中，E_g 为体材料 $CsPbBr_3$ 的带隙，μ 为激子的有效质量，R 为量子点的半径，e 为电子电荷量，ε 为块状 $CsPbBr_3$ 材料的介电常数。掺杂 Eu^{3+} 需要更高的反应温度和时间，因此 $CsPbBr_3:Eu^{3+}$ 的粒径比 $CsPbBr_3$ 大，根据量子尺寸效应，掺杂后大尺寸的量子点激子发射峰发生较小的红移。

此外，对于 $CsPbBr_3:Eu^{3+}$，当温度从 $0^{\circ}C$ 升至 $80^{\circ}C$ 时，激子发射峰会从 $525.2\ nm$ 红移至 $529.8\ nm$，而未掺杂的 $CsPbBr_3$ 的发射峰位置基本无变化，维持在 $516.6\ nm$。这主要是因为 Eu^{3+} 取代了部分 Pb^{2+}，使量子点中的电子浓度增加。因此，随着温度增加，杂质电离散射概率增加，电子能量转换为 $CsPbBr_3$ 晶格热的比例增加，使斯托克斯位移增大。因此，随温度增加，$CsPbBr_3:Eu^{3+}$ 激子峰发生红移。此外，Eu^{3+} 的荧光发射来自 $^5D_0$ 到 $^7F_{0-6}$ 的电子辐射跃迁，这与激子发光受杂质电离散射具有不同的物理机制，因此 Eu^{3+} 的荧光发射峰位置仅仅相差 $0.41\ nm$。

对于 $CsPbCl_{3-x}Br_x:Eu^{3+}$ 量子点，激子与掺杂离子之间存在能量转移[122]，图 2-13 给出了机理示意图。在 $365\ nm$ 紫外灯的激发下，电子由基态被激发至激发态，一部分在导带的电子辐射光子回到价带实现激子发光，而另一部分的载流子通过能量转移的方式到 Eu^{3+} 的 $^5D_0$ 上，然后再辐射至 $^7F_{0-6}$，实现激子与掺杂离子之间的能量转移。

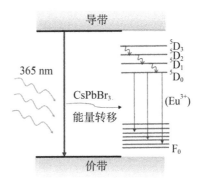

图 2-13　$CsPbBr_3:Eu^{3+}$ 量子点的能量转移机理示意图

2.3　小结

掺杂 Eu^{3+} 的 $CsPbCl_{3-x}Br_x$（$x=0$，1，1.5，2，3）量子点实现了全无机钙钛矿量子点单色与复色光之间的调控,进一步拓宽了钙钛矿量子点的光谱范围,其中 $CsPbCl_{3-x}Br_x$ 的激子发光覆盖蓝光至绿光波段（$400\sim520$ nm）,与 Eu^{3+} 特征的红光波段（$590\sim700$ nm）共同实现复色光谱发射。同时,由于能量转移的存在,存在明显的因 $^5D_0\rightarrow{}^7F_{1-6}$ 跃迁而产生的荧光发射增强现象。此外,掺杂后量子点的能量转移与温度有关,随着温度的升高,非辐射转移概率变大,导致量子点材料的发光强度降低,而 Eu^{3+} 的荧光发射峰强度增大。本章内容实现了全无机钙钛矿量子点的宽带发射,进一步提升了钙钛矿量子点在多色显示和照明领域的应用潜力。

第3章 钙钛矿量子点与纳米二氧化钛异质结构的发光性质

全无机卤化物钙钛矿量子点具有独特的发光特性,例如半峰宽窄、光致发光量子产率高,以及可调的荧光波长等[121-125]。迄今为止,研究人员开发出多种合成方法来制备钙钛矿量子点,包括热注入法[126]、阴离子交换法[127]、过饱和重结晶法[128]、微波辅助法[129]、溶剂热法[130]和超声合成法[131]等。但以上方法存在产量低、反应温度高、惰性气体保护条件及在有机溶剂中的反应时间过于迅速等问题,这限制了它们在固态照明领域的批量化生产和商业化应用。因此,迫切需要探索一种经济且可重复的合成方法,促进钙钛矿量子点的进一步商业化应用。

作为光致发光材料出色的候选者,具有高比表面积的纳米级 $CsPbX_3$ 钙钛矿量子点易受环境中氧原子、水分子和其他卤素阴离子的影响,发生严重的荧光衰减和离子交换反应。通常,构建异质结构来抑制 $CsPbX_3$(X=Cl,Br,I)钙钛矿量子点与周围环境中的高化学活性物质发生反应是提升其化学稳定性的最有效手段之一[132-133]。此外,$CsPbX_3$(X=Cl,Br,I)钙钛矿量子点中载流子特性受异质晶体材料界面的能带结构影响,能够实现对 $CsPbX_3$(X=Cl,Br,I)钙钛矿量子点的光致发光特性的调制,获得新的荧光物理特性。因此,探索一种有效且经济的方法来获取 $CsPbX_3$(X=Cl,Br,I)钙钛矿量子点,并同时构建异质结构以进一步调节其光致发光特性,仍然是一个挑战。

本章提出了一种在室温下利用机械化学法合成全无机 $CsPbX_3$(X=Cl,Br,I)钙钛矿量子点的方法,该方法不需要大量有机溶剂、惰性气体保护和多步操作。通过调节量子点中卤素离子的比例将制备铯铅卤钙钛矿量子点的光致发光波长从 408.2 nm 调整到 682.3 nm。此外,通过一步策略即可轻松获得大量产品(每批次 10 g 或更多)。同时,可以在相同条件下获得 Mn^{2+}、Eu^{3+} 掺杂的多色 $CsPbX_3$(X=Cl,Br,I)钙钛矿量子点,以及高纯度的 $Cs_3Sb_2Cl_9$ 和

$Cs_3Sb_2Br_9$ 量子点。另外,可通过 TiO_2 纳米粒子占据立方相 $CsPbBr_3$ 量子点顶角的方式获得 $TiO_2@CsPbBr_3$ 异质结构,并且量子点异质结构的光致发光效率值(64.5%)比原始 $CsPbBr_3$ 量子点的(41.1%)高。同时,TiO_2 纳米颗粒可以在一定程度上抑制 $CsPbBr_3$ 量子点光致发光的热猝灭。该方法为全无机 $CsPbX_3$(X=Cl,Br,I)钙钛矿量子点的规模生产和商业化应用及异质结构的光致发光调节提供了新的思路。

3.1 $TiO_2@CsPbBr_3$ 异质结构制备

试验所需化学试剂主要为溴化铯(99.9%)、氯化铯(99.9%)、碘化铯(99.9%)、溴化铅(99%)、氯化铅(99%)、碘化铅(99%)、四氯化钛(99%)、硫酸(96%)、十八烯酸(90%)、油酸(90%)、油胺(90%)。

1. $CsPbX_3$(X=Cl,Br,I)量子点的合成

首先将 20 mmol 的 CsX(X=Cl,Br,I)、20 mmol 的 PbX_2(X=Cl,Br,I)(如 4.256 g CsBr,7.340 g $PbBr_2$)添加到玛瑙研钵中,连续研磨 15 min 后即可获得 $CsPbX_3$(X=Cl,Br,I)量子点。通过控制 PbX_2(X=Cl,Br,I)和 CsX(X=Cl,Br,I)的比例可以获得 $CsPb(Cl/Br)_3$ 或 $CsPb(Br/I)_3$ 量子点的固溶体。为了提高量子效率,可以在合成过程中加入 2 mL 有机配体(十八烯酸、油酸和油胺)。

2. TiO_2 纳米颗粒与 $TiO_2@CsPbBr_3$ 异质结构的合成

将 40 mL 蒸馏水装入 100 mL 烧杯中,在剧烈搅拌下加入 4 mL $TiCl_4$ 和 1 mL H_2SO_4 溶液;30 min 后,将混合溶液转移到 80 mL 高压釜中,在 120℃下保温 5 h 后自然冷却至室温,将产物用蒸馏水洗涤多次,直到溶液 pH 值约为 7。经 6 000 r/min 离心 10 min 后,收集最终产品,并在 60℃的干燥箱中干燥一夜,得到 TiO_2 纳米颗粒。$TiO_2@CsPbBr_3$ 的合成过程与 $CsPbBr_3$ 量子点的合成过程相同,只是在研磨前添加了 1.0 g TiO_2 纳米颗粒粉末。

3.2 样品表征及性能分析

3.2.1 $CsPbBr_3$ 和 $TiO_2@CsPbBr_3$ 的形貌分析

$CsPbBr_3$ 量子点和 $TiO_2@CsPbBr_3$ 结构的形貌如图 3-1 所示。在不添加

TiO_2 纳米颗粒的情况下，$CsPbBr_3$ 量子点的平均大小为 13.3 nm[见图 3-1 (a)]。由于机械化学法有相对较长的反应时间，所得的量子点比热注入法合成的量子点大[134]。这表明 TiO_2 纳米颗粒球磨是合成立方形貌 $CsPbBr_3$ 量子点的一种有效方法，根据文献[135]可知，较大的量子点也可以通过球磨方法来实现，从图 3-1(b)可以看出，晶体存在明显的晶格条纹，这表明纳米材料在室温下也有很好的结晶性。根据 HRTEM 图像可得，量子点的晶格间距为 0.581 nm，对应立方相 $CsPbBr_3$ 的(100)平面的面间距。图 3-1(c)为具有明显边缘的 $CsPbBr_3$ 量子点立方晶体结构模型。相反，在合成过程中引入具有"硬"晶格结构的 TiO_2 后，TiO_2 能够将钙钛矿量子点顶角"磨"掉并锚定在其非立方形貌上[见图 3-1(d)]。根据计算，非立方形貌的量子点的平均大小为 10.3 nm，小于热注入法获得的立方相量子点。根据图 3-1(e)可得，$CsPbBr_3$ 的晶格间距为 0.336 nm，这与立方相(111)平面的面间距一致。并且可以看到平均直径为 4.9 nm 的球状纳米颗粒锚定在量子点表面，其大小与 TiO_2 纳米颗粒的一致。同时，该纳米颗粒的晶格间距为 0.35 nm，对应于锐钛矿相 TiO_2 的(101)面，这说明 TiO_2 纳米颗粒锚定在 $CsPbBr_3$ 上并形成了异质结构，图 3-1(f)显示了 $TiO_2@CsPbBr_3$ 异质结构的模拟晶体结构。

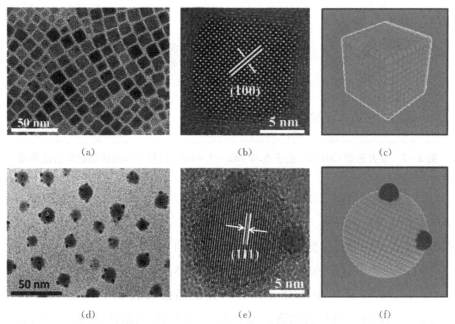

图 3-1　$CsPbBr_3$ 量子点和 $TiO_2@CsPbBr_3$ 结构的 TEM 图像[(a)(d)]、HRTEM 图像[(b)(e)]及其结构模型[(c)(f)]

3.2.2 CsPbBr₃ 和 TiO₂@CsPbBr₃ 的形成机理

如图 3-2 所示为 CsPbBr₃ 量子点和 TiO₂@CsPbBr₃ 异质结构的机械化学合成原理。在不添加 TiO₂ 的情况下,CsBr 和 PbBr₂ 粉末首先通过研磨或球磨反应形成 CsPbBr₃ 的小晶粒,如图 3-2 中步骤 1 所示。在合成过程中不添加 TiO₂ 纳米颗粒时,晶粒生长形成立方形貌 CsPbBr₃ 量子点。然而,如图 3-2 中步骤 2 所示,当具有软晶格的 CsPbBr₃ 小晶粒与高硬度 TiO₂ 纳米颗粒相互作用时,量子点具有较高的表面活性,因此 TiO₂ 纳米颗粒锚定在 CsPbBr₃ 量子点上,从而形成 TiO₂@CsPbBr₃ 异质结构。很明显,TiO₂ 纳米颗粒不仅可以改变量子点的轮廓,而且可以锚定在量子点上形成 TiO₂@CsPbBr₃ 异质结构。此外,在球磨方法中如果用传统的厘米级陶瓷球代替 TiO₂ 纳米"球", CsPbBr₃ 量子点仍然能保持立方体形貌[136]。

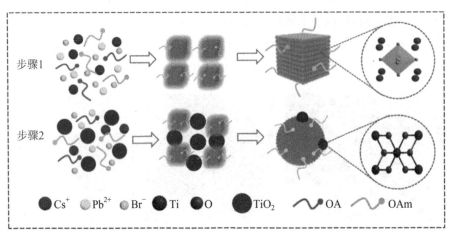

图 3-2 立方形貌 CsPbBr₃ 量子点和 TiO₂@CsPbBr₃ 异质结构的机械化学合成原理

为了进一步阐明异质结构的形成机理,对 TiO₂@CsPbBr₃ 异质结构的晶格匹配特性进行了研究。根据模拟结果(见图 3-3),TiO₂ 和 CsPbBr₃ 各个晶面均存在较大的晶格失配。然而,CsPbBr₃ 的(102)平面和锐钛矿相 TiO₂ 的(101)平面出现了有趣的现象:CsPbBr₃ 的(102)面的晶格参数 $a_1=0.59$ nm, $b_1=1.44$ nm;锐钛矿相 TiO₂ 的(101)面的晶格参数 $a_2=0.55$ nm, $b_2=0.38$ nm。如果将 TiO₂ 的晶胞扩大到 1×4 个晶胞,根据计算,在 2 维方向上 TiO₂ 的(101)面与 CsPbBr₃ 的(102)面仅有 6.7% 和 4.6% 的晶格失配度。因此,在考虑 1×4 晶格为单位的基础上,$CsPbBr_3$ 与 TiO_2 之间的晶格匹配且界面应力较小,能够形成较小界面能的异质结构。

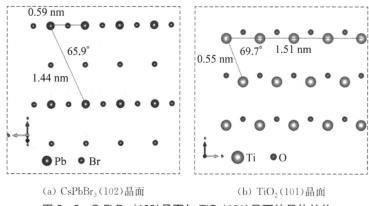

(a) $CsPbBr_3$(102)晶面　　　　　　　(b) TiO_2(101)晶面

图 3 - 3　$CsPbBr_3$(102)晶面与 TiO_2(101)晶面的晶体结构

此外,鉴于钙钛矿的软晶格特性,目前已经实现许多晶格匹配度差的异质结构构筑。这是因为软晶格的界面原子重排可以降低界面应力,从而形成相对稳定的异质结构界面,如 $CsPbX_3$ 与 Au、Ag、MoS_2、PbS 和 Bi_2Se_3 的异质结构[137-139]。即使钙钛矿界面应力较大,但构建异质结构仍可以提高钙钛矿的化学稳定性,从而获得高性能的器件。例如,由于外延稳定和应变中的协同作用,应变外延对钙钛矿相的化学稳定性具有显著的提升作用[139]。

以高硬度为主要介质的金属氧化物纳米材料在集成电路制造中被广泛应用于硅片表面处理,可以抛光高硬度材料以产生高活性表面。因此,金属氧化物纳米颗粒作为铣削的"球",在合成过程中可以提供较高的机械能,与钙钛矿量子点的表面原子相互作用。此外,机械球磨的瞬时热能可产生高达 200℃ 的温度,可提供足够能量形成异质结构;并且根据以往关于 $TiO_2@CsPbBr_3$ 薄膜的研究[140],$CsPbBr_3$ 与 TiO_2 界面之间存在较低的界面能。因此,在机械和热能产生的高吉布斯自由能驱动下,$CsPbBr_3$ 和 TiO_2 形成 $TiO_2@CsPbBr_3$ 异质结构,从而降低系统的能量。

3.2.3　$CsPbBr_3$ 和 $TiO_2@CsPbBr_3$ 的物相分析

粉末 XRD 图谱可确定 $CsPbBr_3$ 量子点和 $TiO_2@CsPbBr_3$ 异质结构的晶体结构,如图 3 - 4(a)所示。TiO_2 纳米颗粒的晶体结构为锐钛矿相,在 25.28°、36.95°、37.80°、38.58° 和 48.05° 处有较强的衍射峰,分别对应于(101)、

（103）、（104）、（112）和（200）晶面。CsPbBr₃ 量子点的衍射峰分别位于
15.21°、21.49°、30.69°、37.76° 和 44.14°，对应于立方相的（100）、（110）、
（200）、（121）和（220）晶面。除了 CsPbBr₃ 量子点的衍射峰外，在 TiO₂@
CsPbBr₃ 异质结构的 XRD 图谱中发现了两个明显的属于 TiO₂ 纳米颗粒的衍
射峰（25.28° 和 48.05°）。结合 TEM 结果可知 TiO₂ 纳米颗粒锚定在量子点上
并形成了异质结构。

为了阐明结构中 CsPbBr₃ 量子点与 TiO₂ 纳米颗粒之间的相互作用，进行
了傅里叶变换红外光谱（FTIR）表征，如图 3-4(b) 所示。对于分散的 CsPbBr₃
量子点，观察到 C—H 在 2 923 cm⁻¹、2 853 cm⁻¹ 和 1 403 cm⁻¹ 处的伸缩振动，
N—H 在 1 463 cm⁻¹ 和 1 539 cm⁻¹ 处的弯曲振动，揭示了表面配体（OAm）的
存在。根据 FTIR 光谱，在 548 cm⁻¹ 处存在与 Ti—O—Ti 键对应的宽峰[141]，
这表明 CsPbBr₃ 量子点上存在 TiO₂。此外，Pb—O 键的 FTIR 位于 950 cm⁻¹
处[141]，这表明 TiO₂@CsPbBr₃ 中有 Pb—O 键存在。

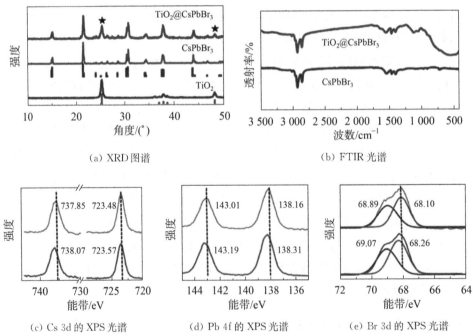

（a）XRD 图谱　　　　　　　（b）FTIR 光谱

（c）Cs 3d 的 XPS 光谱　　（d）Pb 4f 的 XPS 光谱　　（e）Br 3d 的 XPS 光谱

图 3-4　CsPbBr₃ 量子点和 TiO₂@CsPbBr₃ 异质结构的 XRD 图谱、FTIR 光谱和 XPS 光谱

XPS 可验证异质结构的表面化学成分和价态。如图 3-4(c)～(e) 所示，
Cs 3d、Pb 4f 和 Br 3d 的 XPS 峰向较小的结合能方向移动，特别是 Pb 4f₇/₂、

Pb $4f_{5/2}$、Br $3d_{5/2}$、Br $3d_{3/2}$ 峰。Pb $4f_{7/2}$ 和 Pb $4f_{5/2}$ 峰分别移动了 0.15 eV 和 0.18 eV[见图 3.4(d)],Br $3d_{3/2}$ 和 Br $3d_{5/2}$ 峰分别移动了 0.18 eV 和 0.16 eV [见图 3.4(e)],这表明在 TiO_2@$CsPbBr_3$ 异质结构形成后,$CsPbBr_3$ 和 TiO_2 纳米颗粒之间存在电荷转移。在图 3-4(d)中,从 $CsPbBr_3$ 和 TiO_2@$CsPbBr_3$ 的 Pb $4f_{7/2}$ 峰可以观察到,一部分 O 原子可能会填补 Br 的空位,与 $CsPbBr_3$ 表面的 Pb 原子结合,导致 Pb $4f_{7/2}$ 的峰程度因锚定 TiO_2 纳米颗粒而降低。上述结果表明,在机械能和热能的作用下,存在大量的悬空键,这些悬空键使表面活性较高的 $CsPbBr_3$ 的表面原子与有机配体及 TiO_2 纳米颗粒形成配位。

3.2.4　$CsPbBr_3$ 和 TiO_2@$CsPbBr_3$ 的荧光和吸收性质研究

为了探讨负载 TiO_2 对 $CsPbBr_3$ 量子点光致发光特性的影响,本节将比较 $CsPbBr_3$ 和 TiO_2@$CsPbBr_3$ 异质结构的荧光、吸收和时间分辨荧光衰减光谱。如图 3-5(a)所示,表面钝化以及锚定 TiO_2 使 TiO_2@$CsPbBr_3$ 对紫外光的吸收增强,导致荧光强度增强了 1.6 倍。此外,TiO_2@$CsPbBr_3$ 异质结构的荧光峰位于 523.4 nm[见图 3.5(a)],与原始 $CsPbBr_3$ 量子点荧光峰位(527.6 nm)相比,蓝移了 4.2 nm,这是由负载 TiO_2 纳米颗粒后电子态的变化所致。同时,TiO_2@$CsPbBr_3$ 异质结构的吸收光谱与原始 $CsPbBr_3$ 量子点的吸收光谱相比,蓝移了 12.3 nm[见图 3-5(b)]。

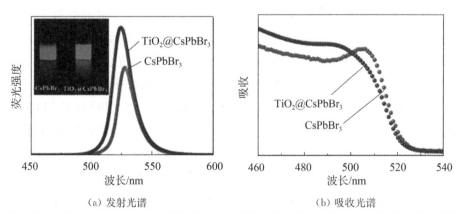

（a）发射光谱　　　　　　（b）吸收光谱

图 3-5　$CsPbBr_3$ 量子点和 TiO_2@$CsPbBr_3$ 异质结构的发射光谱[(a)中图片是分散在甲苯溶液中的 $CsPbBr_3$ 量子点和 TiO_2@$CsPbBr_3$ 的照片]和吸收光谱

众所周知,带隙为 3.2 eV 的 TiO_2 具有良好的载流子输运和分离能力,已用作钙钛矿和染料敏化太阳能电池中的电子传输层[142-144]。如图 3-6 所示,根据 TiO$_2$(3.2 eV)和 CsPbBr$_3$(2.3 eV)的能带结构,其异质结构形成 Type-II型结构能带排列,电子态的耦合更倾向于光生电子和空穴的电荷分离。在 CsPbBr$_3$ 的导带底,一部分激发电子在辐射跃迁前注入 TiO$_2$ 的导带底,这导致荧光寿命缩短,如图 3-7 所示。

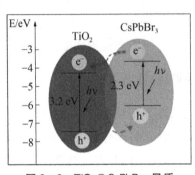

图 3-6　TiO$_2$@CsPbBr$_3$ 异质结构的带列示意图

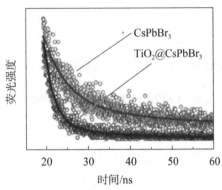

图 3-7　CsPbBr$_3$ 量子点和 TiO$_2$@CsPbBr$_3$ 异质结构的时间分辨发射衰减曲线

3.2.5　TiO$_2$@CsPbBr$_3$ 的能量转移特性研究

本节将进一步阐明异质结构中 TiO$_2$ 纳米颗粒与 CsPbBr$_3$ 量子点之间的能量转移特性。在可见光和紫外光照射下,比较 CsPbBr$_3$ 量子点和 TiO$_2$@CsPbBr$_3$ 异质结构的光照荧光衰减特性。如图 3-8(a)所示,在可见光下照射 8 h 后,CsPbBr$_3$ 量子点和 TiO$_2$@CsPbBr$_3$ 异质结构的荧光强度分别变为原始强度的 93.1%和 98.2%,荧光强度衰减很小。相反,用紫外光代替可见光进行光照,CsPbBr$_3$ 量子点荧光强度衰减到原来强度的 49.4%,TiO$_2$@CsPbBr$_3$ 异质结构的衰减到初始值的 17.9%[见图 3-8(b)]。这表明紫外光的辐射使得 TiO$_2$@CsPbBr$_3$ 异质结构比原始 CsPbBr$_3$ 量子点产生更严重的发光衰减。这是由于,一方面,带隙宽度为 3.2 eV 的 TiO$_2$ 纳米颗粒的光响应在紫外光辐射后从"关闭"状态切换到"开启"状态,带来了明显的载流子跃迁,如图 3-8 中 CsPbBr$_3$ 和 TiO$_2$ 的能带列所示。另一方面,作为最有效的光催化剂之一,TiO$_2$ 表面在紫外光辐射下产生强氧化性并还原—OH,从而发生有机降解[145-146]。如图 3-9 所示,它导致 TiO$_2$@CsPbBr$_3$ 异质结构表面原子的氧化或还原,这也使钙钛矿量子点荧光进一步衰减。同时间接表明了 TiO$_2$ 与

$CsPbBr_3$ 的界面在异质结构中有良好的物理接触。此外,在紫外光下连续暴露 3 h 后(见图 3-10),由于氧化还原反应,表面 Br 原子甚至发生剥落,异质结构的荧光强度降低到初始值的 27.6%。然而,$TiO_2@CsPbBr_3$ 异质结构的光致发光衰减是可修复的。当 CsBr 溶液加入 $TiO_2@CsPbBr_3$ 异质结构时,其荧光强度从初始值的 27.6% 增加到 66.8%,这是因为量子点表面原子与 CsBr 溶液中的 Cs^+ 和 Br^- 发生离子交换,修复表面。表面 Br 空位可以使 $CsPbBr_3$ 的荧光强度下降;内部 Br^- 可以扩散到 $CsPbBr_3$ 的表面,形成内部缺陷,导致发光衰减。其他文献也报道了 CsBr 荧光修复的类似结果[147-148]。

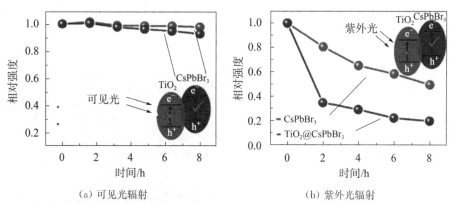

(a) 可见光辐射　　　　　　　　(b) 紫外光辐射

图 3-8　在可见光和紫外光辐射下 $CsPbBr_3$ 量子点和 $TiO_2@CsPbBr_3$ 异质结构的荧光强度变化

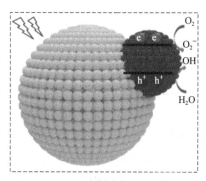

图 3-9　$TiO_2@CsPbBr_3$ 异质结构光降解过程模型

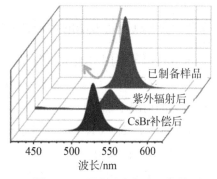

图 3-10　$TiO_2@CsPbBr_3$ 异质结构的荧光强度

3.2.6 TiO₂@CsPbBr₃ 异质结构的稳定性分析

图 3 - 11 展示了 CsPbBr₃ 和 TiO₂@CsPbBr₃ 异质结构的热猝灭特性。当温度从 273 K 上升到 373 K 时,CsPbBr₃ 量子点的发光强度降低到其初始强度的 12.6%,而 TiO₂@CsPbBr₃ 异质结构的发光强度可以保持在初始强度的 47.7%。显然,从量子点到 TiO₂ 的快速载流子转移使得量子点的热积累降低,这对量子点的荧光热猝灭具有一定的保护作用[见图 3 - 11(a)]。此外,如图 3 - 11(b)所示,室温下两颗“心”型薄膜在 365 nm 紫外光照射下发出明亮的绿色荧光。当温度上升到 333 K 时,CsPbBr₃ 薄膜荧光逐渐衰减,而 TiO₂@CsPbBr₃ 薄膜仍可发出明显的绿色荧光。当温度升高到 353 K 时,CsPbBr₃ 薄膜的荧光几乎消失,而 TiO₂@CsPbBr₃ 薄膜的荧光强度仍较高。

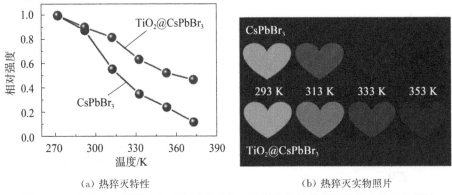

(a) 热猝灭特性　　　　　　　　　(b) 热猝灭实物照片

图 3 - 11　CsPbBr₃ 量子点和 TiO₂@CsPbBr₃ 异质结构热猝灭及其相应的实物照片

3.2.7 量子点制备方法的普适性研究

本节介绍了采用室温机械化学方法合成不同化学成分的钙钛矿量子点。图 3 - 12 为 CsPbX₃ 量子点制备原理图,其中卤化铯和卤化铅粉末在不预溶和不预加热的情况下加入玛瑙研钵中,通过研磨可得到钙钛矿量子点。图 3 - 13 展示了 CsPbX₃(X=Cl, Br, I)量子点的晶体结构。在 365 nm 紫外光激发下,CsPbX₃ 量子点粉末的荧光照片如图 3 - 14 所示。制备的 CsPbX₃ 量子点具有可调谐的激子发射和良好的单色性(见图 3 - 15),能够覆盖面积大于国家电视系统委员会(NTSC)规定的色域空间,这说明量子点具有广色域的特点。CsPbCl₃、CsPbCl₁.₅Br₁.₅、CsPbClBr₂、CsPbBr₃、CsPbBr₂.₂₅I₀.₇₅、CsPbBr₁.₅I₁.₅、

CsPbI$_3$ 量子点在不同卤化物离子比下的荧光峰分别位于 408.2 nm、448.5 nm、480.4 nm、527.6 nm、586.8 nm、635.7 nm、682.3 nm,这些荧光峰几乎覆盖整个可见光范围。同时,相应的吸收光谱如图 3-15(b)所示,其吸收峰分别位于 401.3 nm、445.4 nm、465.8 nm、506.7 nm、532.4 nm、542.2 nm、595.6 nm,与荧光光谱比较可发现,量子点具有较小的斯托克斯位移,这说明其对吸收光子的能量利用效率较高。

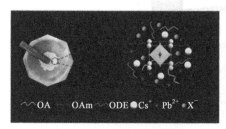

图 3-12 CsPbX$_3$ 量子点制备原理图

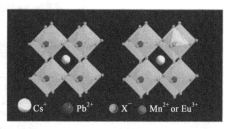

图 3-13 CsPbX$_3$(X = Cl, Br, I)量子点和掺杂 Mn^{2+} 或 Eu^{3+} 的 CsPbX$_3$ 的晶体结构

图 3-14 紫外光照射下 CsPbX$_3$ 量子点粉末的照片

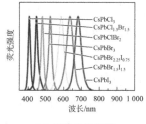

(a)光致发光光谱

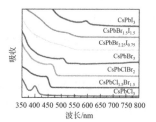

(b)吸收光谱

图 3-15 CsPbX$_3$ 量子点的光致发光光谱和吸收光谱

此外,在相同的条件下引入锰和前驱体,该方法还能够实现 Mn^{2+} 或 Eu^{3+} 掺杂的 CsPb(Cl/Br)$_3$ 量子点。如图 3-16 所示,掺锰后 TiO$_2$@CsPb(Cl/Br)$_3$ 的荧光光谱展示了由 Mn^{2+} 发射和激子发射的双发射特征。通过增加 Cl$^-$ 和 Br$^-$ 的比值,激子发射在 453.8 nm、439.1~413.3 nm 处呈现明显的蓝移。随着体系结构中 Mn^{2+} 含量的增加,Mn^{2+} 的光致发光强度增强,由于 Mn-Mn 相互作用的增强,荧光峰位在 604.8~608.3 nm 处发生红移。激子发射和 Mn^{2+}

发光的变化使得量子点具有可调谐光致发光特性,如图 3-16 所示。除了过渡金属离子,稀土离子(如 Eu^{3+})也可掺杂到量子点中。研究结果表明,该方法适用于合成各种卤化物量子点,并且能够实现这些量子点的稀土离子和过渡金属离子掺杂,并构筑异质结构以实现对荧光的调制。

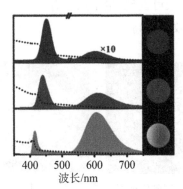

图 3-16 不同掺杂 Mn^{2+} 含量的 $CsPbX_3$ 的光致发光谱图及其相应图像

3.3 小结

本章提出了一种室温机械化学法合成 $CsPbX_3$(X＝Cl, Br, I)量子点的方法,该方法合成的量子点具有良好的单色性,光谱范围可覆盖 $408.2 \sim 682.3\ nm$ 的可见光波段荧光。通过构建 $TiO_2@CsPbBr_3$ 异质结构,$CsPbBr_3$ 量子点的量子效率从 41.1% 提高到 64.5%,$CsPbBr_3$ 量子点的热稳定性也有显著提高。此外,该机械化学法不需要惰性气体保护,没有复杂的试验操作过程,可以在短时间内实现 $CsPbX_3$ 量子点的批量合成,非常适合 $CsPbX_3$ 量子点的批量化生产和商业化应用。

第 **4** 章 钙钛矿量子点与介孔氧化硅异质结构的发光性质

介孔二氧化硅（m-SiO₂）具有较高比表面积和有序的介孔结构[149]，通常其孔径为 2～50 nm，因此可以将纳米材料生长到 m-SiO₂ 通道中，形成有序的纳米异质结构。这不仅能够提高量子点的化学稳定性，还有望赋予量子点材料更优异的荧光特性。然而，目前关于在 m-SiO₂ 中原位生长 CsPbBr₃ 量子点形成异质结构的深入研究较少。在为数不多的研究中，纳米异质结构主要是将 CsPbBr₃ 量子点与 m-SiO₂ 简单混合[150-151]，这种方法的缺点在于量子点和 m-SiO₂ 之间的附着力较差。因此，m-SiO₂ 在孔道内部控制量子点原位均匀地生长仍然是一个挑战。

CsPbX₃（X=Cl，Br，I）量子点与 CdSe 量子点和 CdS 量子点相似，通常须分散在有机溶剂中才能获得最佳的荧光输出。但溶剂中的量子点会随着量子点浓度的增加出现严重的团聚现象，从而导致明显的自吸收现象[152]。当量子点离心形成粉末时，这种自吸收现象尤其明显，严重阻碍了量子点在固态照明领域的应用。此外，钙钛矿量子点的反应速度非常快，通常在 10 s 以内完成反应，因此，很难通过进一步缩短化学反应时间来获得粒径小于 6 nm 的 CsPbX₃ 量子点[153-154]。

本章提出原位预渗透方法使 CsPbBr₃ 量子点生长于 m-SiO₂ 有序的孔道中。在此方法中，m-SiO₂ 既是一个微型反应器，又是钙钛矿量子点的基体材料。m-SiO₂ 的孔道可以抑制量子点的快速增长，同时其骨架可以作为保护层，屏蔽环境中氧分子、水分子及其他材料对量子点的侵蚀。试验结果表明，m-SiO₂ 骨架可以有效抑制 CsPbBr₃ 量子点的光衰减和热猝灭。除此之外，CsPbBr₃/m-SiO₂ 纳米异质结构与单独的 CsPbBr₃ 量子点相比，具有优异的抗水和抗卤素离子交换能力。最重要的是，m-SiO₂ 内部有序的网络结构可降低量子点之间的自吸收，因此，CsPbBr₃ 量子点在 m-SiO₂ 中的自吸收和团聚效应得到有效抑制。同时,m-SiO$_2$ 的高透射率和低折射率可使量子点发射的光子沿通道传输,光子损失更少。最后,以 CsPbBr$_3$/m-SiO$_2$ 纳米异质结构为发光材料制备柔性荧光薄膜,该薄膜连续工作 10 h,光致发光强度未发生明显衰减,这表明该纳米异质结构在柔性固态照明领域具有较高的潜在应用价值。

4.1 样品制备

试验所需的化学试剂:碳酸铯(99.9%)、1-十八烯(≥90%,ODE)、溴化铅(99.9%)、十八烯酸(>90%)、十八烯胺(>90%)、丙酮(≥99.5%)、甲苯(≥99.5%)、正硅酸四乙酯(TEOS)、乙醇、氨水、十六烷基三甲基溴化铵(CTAB)、碳酸钠、氯化锌,聚甲基丙烯酸甲酯(PMMA)、油酸(OA)、油胺(OAm)。

1. 油酸铯(Cs-OA)溶液的合成

根据改良的 Protesescu[155]方法合成油酸铯溶液。将 0.814 g(2.5 mmol)的碳酸铯,2.5 mL OA,30 mL ODE 装入 100 mL 三口烧瓶中,在氮气氛围下升温至 120℃,保温 1 h,然后再升温至 180℃直至 Cs$_2$CO$_3$ 与 OA 完全反应,在此温度下保温备用。

2. CsPbBr$_3$ 量子点的合成

采用改良的热注入法合成 CsPbBr$_3$ 量子点。将 0.138 g PbBr$_2$(0.376 mmol)溶解在装有 10 mL ODE、1 mL OAm、1 mL OA 的 25 mL 三口烧瓶中,在氮气氛围下升温至 120℃,搅拌 30 min。随后,将反应温度升至 180℃并保温 10 min,然后取 1 mL Cs-OA 快速注入混合物中,反应 10 s 后将反应混合物迅速通过冰水浴冷却,获得 CsPbBr$_3$ 量子点。最后,将 10 mL 丙酮加入溶液中,以 9 000 r/min 离心速度收集产物,并将量子点分散在甲苯溶液中保存。

3. m-SiO$_2$ 微球的合成

首先取 6 mL TEOS 快速注入混合溶液(74 mL 乙醇、10 mL 去离子水、3.15 mL 氨水)中,持续搅拌 1 h 得到乳白色胶状液体。然后以 8 000 r/min 的速度离心 5 min 得到白色粉末,使用乙醇和去离子水洗涤 3 次,60℃烘干,得到氧化硅球粉末。取 50 mg SiO$_2$ 球粉末超声 15 min,均匀分散在 9 mL 去离子水中。随后,加入 1 mL 12.5 g/L 的 CTAB 水溶液,搅拌 30 min 后,加入 212 mg Na$_2$CO$_3$ 粉末。在 35℃下分别搅拌 12 h、24 h 和 36 h(标记为 MS-12,MS-24,MS-36),获得孔径分别为 4.3 nm、5.1 nm 和 9.8 nm 的 m-SiO$_2$(比表面积为 544.6 m^2/g、607.4 m^2/g 和 844.5 m^2/g)。使用去离子水和乙醇洗涤 3

次并以 3 000 r/min 的速度离心 5 min,得到 m - SiO$_2$。

4. CsPbBr$_3$/m - SiO$_2$ 纳米异质结构的合成

在氮气氛围下,将 0.092 g m - SiO$_2$(1.537 mmol)分散在装有 1 mL OAm、1 mL OA、10 mL ODE 的 25 mL 三口烧瓶中,然后升温至 120℃,搅拌 30 min,对其表面及内部孔道进行修饰。将 0.138 g PbBr$_2$(0.376 mmol)加入三口烧瓶中,同时升温至 180℃,保温 30 min。取 1 mL Cs - OA 快速注入混合物中,待反应 10 s 后将反应混合物迅速用冰水浴冷却,获得 CsPbBr$_3$/m - SiO$_2$。将纳米异质结构经 3 000 r/min 离心后重新分散在甲苯溶液中。

5. 离子交换试验

在连续搅拌下,将 20 mg ZnCl$_2$ 粉末快速添加到 CsPbBr$_3$ 和 CsPbBr$_3$/m - SiO$_2$ 溶液(5 mg/mL)中。每 5 min 取 0.2 mL 反应溶液,与甲苯混合成 4 mL 溶液,进行荧光光谱测量。

6. LED 器件制备

选用 365 nm 紫外芯片(UV)为激发光源,将 1 mL CsPbBr$_3$/m - SiO$_2$ 纳米异质结构材料和 CsPbBr$_3$ 量子点分别加入 PMMA/甲苯溶液中,超声 10 min 至混合均匀;然后,将其旋涂在石英玻璃衬底上,室温下自然挥发形成薄膜;最后,将该薄膜组装在 UV 芯片上,获得柔性 LED 器件。

4.2　样品表征及性能分析

4.2.1　CsPbBr$_3$ 和 m - SiO$_2$ 的形貌分析

CsPbBr$_3$/m - SiO$_2$ 纳米异质结构热注入原位预渗透生长示意图如图 4 - 1

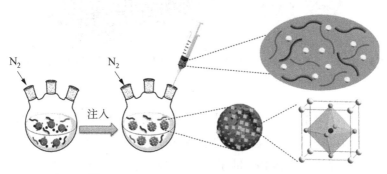

图 4 - 1　CsPbBr$_3$/m - SiO$_2$ 纳米异质结构热注入原位预渗透生长示意图

所示。首先,将 m-SiO₂ 加入含有 OA、OAm 和 ODE 的三口烧瓶中,通过持续搅拌使 m-SiO₂ 表面被 OAm 和 OA 改性,直到 m-SiO₂ 溶于 ODE 溶液;然后,加入溴化铅搅拌使其渗透到 m-SiO₂ 通道中;最后,将油酸铯注入混合溶液中,由于孔道的限制作用,原位生长的 CsPbBr₃ 量子点会呈现球形,而不受 m-SiO₂ 约束的量子点会形成立方体形貌。

利用 TEM 表征量子点的形貌。如图 4-2(a)所示,制备的 m-SiO₂ 粒径约为 398.7 nm,并有明显有序、虫洞状的介孔结构。m-SiO₂ 是非晶结构,因此没有明显的晶格条纹[见图 4-2(b)]。在 m-SiO₂ 的外部,由于没有 m-SiO₂ 的孔道限制,CsPbBr₃ 量子点会快速生长,如图 4-2(c)所示,量子点呈现均匀的立方体形貌,平均粒径约为 10.1 nm,从单个 CsPbBr₃ 量子点的 HRTEM 图中可以看到明显的晶格条纹,晶面间距为 0.261 nm,对应于立方相 CsPbBr₃ 的(210)晶面。

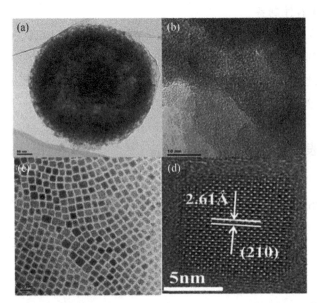

图 4-2 m-SiO₂ 微球的 TEM 图(a)和 HRTEM 图(b),以及 CsPbBr₃ 量子点的 TEM 图(c)和 HRTEM 图(d)

在相同的反应条件下,当 CsPbBr₃ 量子点在 m-SiO₂ 内部生长时,由于狭窄的孔道的约束,CsPbBr₃ 量子点的平均直径仅为 5.4 nm。此外,图 4-3(a)和图 4-3(b)表明,CsPbBr₃ 量子点均匀分布在 m-SiO₂ 的有序通道内。图 4-3(c)为单个 CsPbBr₃ 量子点在 m-SiO₂ 内部的 HRTEM 图,其中

0.336 nm 的晶面间距对应于立方相 CsPbBr$_3$(111)晶面,这表明 CsPbBr$_3$ 在 m - SiO$_2$ 内部也可以成核结晶,并且结晶状况良好,但是由于受孔道的约束,量子点为球状形貌。图 4 - 4(a)和图 4 - 4(b)给出了 CsPbBr$_3$ 量子点和 m - SiO$_2$ 中 CsPbBr$_3$ 量子点的 TEM 尺寸分布直方图及高斯拟合曲线,可以看出在 m - SiO$_2$ 的约束下,CsPbBr$_3$ 量子点的平均粒径仅为 5.4 nm,明显低于自由生长的 CsPbBr$_3$ 量子点的平均粒径(10.1 nm)。

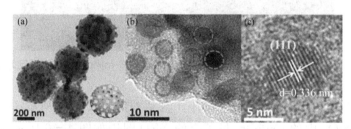

图 4 - 3　异质结构材料的 TEM 图(a)和 HRTEM 图(b),以及单个 CsPbBr$_3$ 量子点的 HRTEM 图(c)

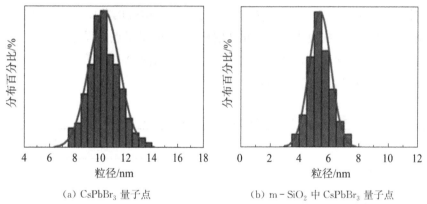

(a) CsPbBr$_3$ 量子点　　　　　(b) m - SiO$_2$ 中 CsPbBr$_3$ 量子点

图 4 - 4　CsPbBr$_3$ 量子点和 m - SiO$_2$ 中 CsPbBr$_3$ 量子点的 TEM 尺寸分布直方图及高斯拟合曲线

4.2.2　异质结构的元素组成分析

纳米异质结构的元素映射(mapping)图谱如图 4 - 5 所示,Si 和 O 均匀地分布在整个纳米异质结构中,但是,Cs、Pb 和 Br 的 mapping 由许多均匀分布的"黑洞"组成,这表明元素沿 m - SiO$_2$ 骨架通道均匀分布,量子点完全填充在 m - SiO$_2$ 的通道中。另外,m - SiO$_2$ 的 mapping 图中还有空洞,这为降低量子点的自吸收效应提供了可能性。

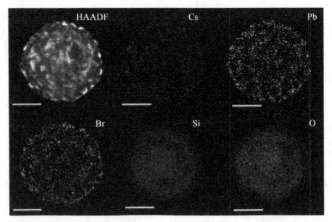

图 4-5　Cs、Pb、Br、Si、O 元素在 m-SiO₂ 中的元素 mapping 图(比例尺为 100 nm)

不同反应时间的 m-SiO₂ 的孔径和比表面积如表 4-1 所示,生长在不同孔径 m-SiO₂ 中的 CsPbBr₃ 量子点的 XRD 图谱如图 4-6 所示,随着 m-SiO₂ 的孔径和比表面积的增加,CsPbBr₃ 晶体的衍射峰移向更小的角度。根据谢乐方程 $D=K\lambda/\beta\cos\theta$($D$ 是晶粒垂直于晶面方向的平均厚度,λ 是 X 射线的波长,K 是晶粒的形状因子,β 是半峰宽,θ 是衍射峰的角度位置),晶粒的 D 增加会导致衍射峰向更小的衍射角 θ 偏移,这表明量子点的尺寸随着 m-SiO₂ 中的介孔尺寸和比表面积增加而增加。这也从侧面说明量子点是沿着孔道生长,而且孔道对量子点的生长具有限制作用。

表 4-1　不同反应时间的 m-SiO₂ 的孔径和比表面积

试样	反应时间/ms	比表面积/(m² · g⁻¹)	孔径/nm
12-MS	12	544.6	4.2
24-MS	24	607.4	5.8
36-MS	36	844.5	9.9

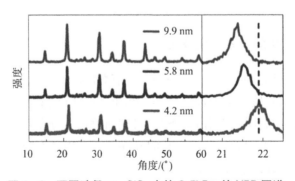

图 4-6　不同孔径 m-SiO₂ 中的 CsPbBr₃ 的 XRD 图谱

CsPbBr$_3$ 量子点和 CsPbBr$_3$/m-SiO$_2$ 异质结构的 X 射线光电子能谱如图 4-7 所示,其中 723.9 eV、737.8 eV 处的信号源于 Cs 的 3d 轨道。Pb 4f$_{7/2}$ 和 Pb 4f$_{5/2}$ 轨道的结合能分别为 138.0 eV 和 142.8 eV。Br 3d 轨道峰可以拟合为两个峰 3d$_{5/2}$ 和 3d$_{3/2}$,结合能分别为 67.8 eV 和 68.9 eV,分别对应于 Br 的内部离子和表面离子。同时,在 CsPbBr$_3$/m-SiO$_2$ 纳米异质结构材料中除了 Cs、Pb、Br 的结合能之外,还观察到 Si 2p(103.3 eV)和 O 1s(532.4 eV)的主峰。以上结果表明形成异质结构前后元素的化学状态没有明显变化,CsPbBr$_3$ 量子点与 m-SiO$_2$ 之间具有良好的结合,并且对彼此元素的化合价没有影响。

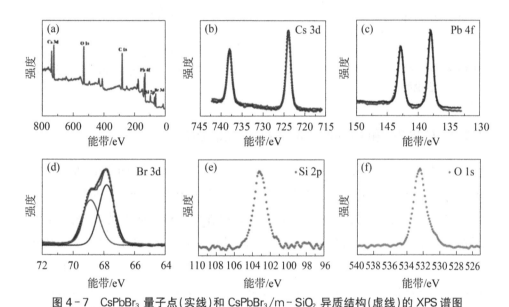

图 4-7　CsPbBr$_3$ 量子点(实线)和 CsPbBr$_3$/m-SiO$_2$ 异质结构(虚线)的 XPS 谱图

4.2.3　CsPbBr$_3$ 和 CsPbBr$_3$/m-SiO$_2$ 的结构分析

CsPbBr$_3$ 量子点和 CsPbBr$_3$/m-SiO$_2$ 纳米异质结构的 XRD 表征如图 4-8(a)所示。m-SiO$_2$ 是非晶的,除了大范围的宽峰形外,并没有明显的衍射峰。尽管 m-SiO$_2$ 内部与外部的量子点形态明显不同,但单独的 CsPbBr$_3$ 量子点与异质结构中的 CsPbBr$_3$ 量子点均为立方相晶体结构,其衍射峰分别对应(100)、(110)、(200)、(211)、(220)晶面,所有峰位都与 JCPDS♯54-0752 卡片相匹配。但是,异质结构中 CsPbBr$_3$ 量子点的衍射峰向小角度偏移,以(110)为例,衍射峰偏移了 0.23°。图 4-8(b)对衍射峰偏移现象做了合理的解释,当 Cs - OA 与 m - SiO$_2$ 中的 Pb^{2+} 和 Br$^-$ 发生反应时,CsPbBr$_3$ 量子点的晶核生长受狭窄孔径和通道的抑制,晶粒尺寸变小;相反,晶核在 m - SiO$_2$ 之外可以自由生长,在相同的反应时间下晶粒尺寸会变大。

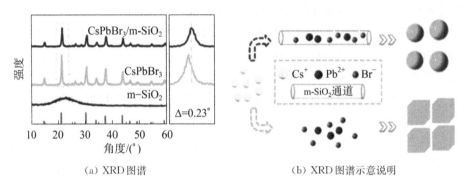

(a) XRD 图谱　　　　　　　　(b) XRD 图谱示意说明

图 4 - 8　m - SiO$_2$、CsPbBr$_3$ 量子点和 CsPbBr$_3$/m - SiO$_2$ 纳米异质结构的 XRD 图谱及其示意说明

4.2.4　CsPbBr$_3$ 和 CsPbBr$_3$/m - SiO$_2$ 的光谱分析

CsPbBr$_3$ 量子点与 CsPbBr$_3$/m - SiO$_2$ 纳米异质结构的傅里叶红外变换图谱如图 4 - 9 所示。对于单分散的 CsPbBr$_3$ 量子点,在 2925 cm^{-1} 和 2849 cm^{-1} 处存在 C—H 的伸缩振动,在 1636 cm^{-1} 处存在 C=C 弯曲振动,这表明量子点表面存在有机配体(如 OA)。而 CsPbBr$_3$/m - SiO$_2$ 异质结构的傅里叶红外变换图谱除了在 1439 cm^{-1} 和 1560 cm^{-1} 处有源于与羰基相连的氨基上 N—H 的弯曲振动信号峰外,在 465 cm^{-1}、796 cm^{-1} 和 1092 cm^{-1} 处还存在 Si—O、Si—O 和 Si—O—Si 的伸缩振动峰[153],这表明 m - SiO$_2$ 内部存在来自 CsPbBr$_3$ 量子点表面的 OAm,进一步说明 CsPbBr$_3$ 量子点与 m - SiO$_2$ 形成了良好的异质结构。

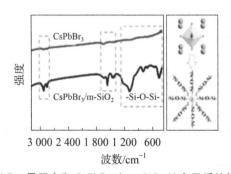

图 4 - 9　CsPbBr$_3$ 量子点和 CsPbBr$_3$/m - SiO$_2$ 纳米异质结构的 FTIR 光谱

4.2.5　CsPbBr₃ 和 CsPbBr₃/m-SiO₂ 的热重分析

　　CsPbBr$_3$ 量子点和 CsPbBr$_3$/m-SiO$_2$ 异质结构的热重分析（TAG）如图 4-10 所示,在 298~870 K,CsPbBr$_3$ 量子点质量下降约 4.0%,这主要是由表面有机配体的快速热分解引起的,在 870~1 200 K,CsPbBr$_3$ 量子点自身热分解使得质量迅速下降。由于无定型的 m-SiO$_2$ 没有固定的熔点,CsPbBr$_3$/m-SiO$_2$ 异质结构在 958~1 133 K 有明显失重。一般来说,纳米材料的熔点会随着尺寸的减小而降低[152],但是,孔道内部的小尺寸纳米粒子的热失重起始温度却高于孔道外部的大尺寸纳米粒子,这表明 m-SiO$_2$ 可以在一定程度上保护内部纳米粒子不被破坏。另外,异质结构材料的非线性热失重曲线进一步表明 CsPbBr$_3$ 量子点与 m-SiO$_2$ 的孔道内部有良好的粘连性和附着性。

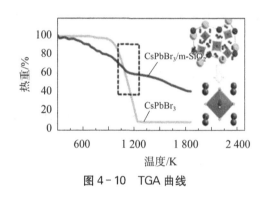

图 4-10　TGA 曲线

4.2.6　CsPbBr₃ 和 CsPbBr₃/m-SiO₂ 的发光性能分析

　　CsPbBr$_3$ 量子点和 CsPbBr$_3$/m-SiO$_2$ 纳米异质结构的吸收和光致发光光谱如图 4-11 所示,CsPbBr$_3$/m-SiO$_2$ 纳米异质结构中 CsPbBr$_3$ 量子点的发射峰位于 519.3 nm 处,吸收峰位于 514.6 nm 处,斯托克斯位移为 4.7 nm。但是,单独的 CsPbBr$_3$ 量子点的发射峰位于 523.2 nm 处,吸收峰位于 519.5 nm 处,斯托克斯位移为 3.7 nm,比异质结构的斯托克斯位移小。量子点在 m-SiO$_2$ 内部有序排列,在一定程度上避免了量子点的团聚,因此异质结构具有更大的斯托克斯位移,并且由于量子尺寸效应,m-SiO$_2$ 孔道内粒径较小的 CsPbBr$_3$ 量子点的光致发光光谱出现了约 4 nm 的蓝移。m-SiO$_2$ 的透射率接近 96.2%,CsPbBr$_3$/m-SiO$_2$ 异质结构在溶液中的光致发光量子产率

（PLQY）为 83.0%，接近单独的 CsPbBr₃ 量子点溶液的 85.0%。

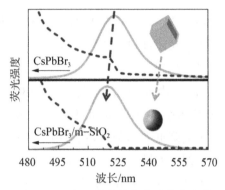

图 4-11　归一化吸收和光致发光光谱

图 4-12 为两种材料的荧光寿命衰减图，二者均呈双指数衰减，拟合数学表达式为

$$y = A_1 \exp\left(-\frac{\chi}{\tau_1}\right) + A_2 \exp\left(-\frac{\chi}{\tau_2}\right) + \gamma_0 \tag{4-1}$$

式中，A_1 和 A_2 分别为 τ_1 和 τ_2 所占比例，纳米异质结构的 $\tau_1 = 15.3\,\text{ns}$，$A_1 = 2.1\%$，$\tau_2 = 3.8\,\text{ns}$，$A_2 = 97.9\%$，根据式（4-2）[156]：

$$\tau_{ave} = \frac{\sum A_i \tau_i^2}{\sum A_i \tau_i} \tag{4-2}$$

进行拟合，CsPbBr₃/m-SiO₂ 纳米异质结构的平均荧光寿命为 4.7 ns。对于 CsPbBr₃ 量子点，$\tau_1 = \tau_2 = 16.7\,\text{ns}$，两种衰减各占 50%，也就是说，其荧光寿命可以简化为一个单指数衰变函数 $y = A \exp(x/\tau) + y_0$。由式（4-2）计算得到的 CsPbBr₃ 量子点荧光寿命的曲线拟合值为 16.7 ns，明显大于 CsPbBr₃/m-SiO₂ 纳米异质结构的寿命。该结果表明原位反应使量子点与 m-SiO₂ 之间相互作用，m-SiO₂ 中的介孔孔道为量子点提供了独特的微环境，使激发态粒子产生较快的退激，同时，一部分来自量子点的光子可以在遇到其他量子点之前通过 m-SiO₂ 传递光子，有效抑制量子点的自吸收。与体材料相比，量子点具有分立的能带结构和较宽的带隙，因此具有相对较短的荧光寿命[157]。此外，溶液中裸露的 CsPbBr₃ 量子点表面存在很多配体，而 m-SiO₂ 中的 CsPbBr₃ 量子点可以附着在 m-SiO₂ 通道的内部，量子点表面减少的配体会产生表面陷阱,从而产生了额外的非辐射通道。在紫外光激发下,电子从量子点的价带激发到导带,形成束缚激子,导带的一些电子通过辐射光子回到价带,其他电子可能会转移到 $m-SiO_2$ 的电子态,导致激子向 $m-SiO_2$ 的能量转移,最终使 $m-SiO_2$ 内部量子点的荧光寿命变短。

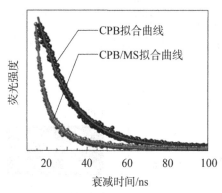

图 4-12　$CsPbBr_3$ 量子点和 $CsPbBr_3/m-SiO_2$(简写为 CPB/MS)纳米异质结构溶液的衰减曲线

4.2.7　$CsPbBr_3$ 和 $CsPbBr_3/m-SiO_2$ 的稳定性分析

为了证明 $m-SiO_2$ 对量子点的保护作用,需进行一系列荧光稳定性测试。图 4-13(a)展示了 $CsPbBr_3$ 量子点与 $CsPbBr_3/m-SiO_2$ 纳米异质结构的热猝灭特性。当温度为 373 K 时,$CsPbBr_3$ 量子点的荧光强度迅速下降至初始荧光强度的 11.3%,而 $CsPbBr_3/m-SiO_2$ 纳米异质结构的强度为初始发光强度的 67.0%。尽管它们都随着温度的升高而下降,但很显然 $CsPbBr_3/m-SiO_2$ 纳米异质结构中 $CsPbBr_3$ 量子点的热猝灭速率低于单独的 $CsPbBr_3$ 量子点,这表明 $m-SiO_2$ 基体是良好的保护层,可有效防止量子点的荧光热猝灭。为了更直观地反映该过程,我们将用 $CsPbBr_3$ 量子点和 $CsPbBr_3/m-SiO_2$ 纳米异质结构为原料制备的标有“SIT”标签的薄膜放置在温度可调的加热板上,如图 4-13(b)所示。两种荧光薄膜在 365 nm 的紫外光照射下均显示较高强度的亮绿色,但当温度升至 353 K 并保持 20 min 后,$CsPbBr_3$ 薄膜的亮度严重下降;$CsPbBr_3/m-SiO_2$ 纳米异质结构的亮度下降幅度很小,仍然能够保持较高的亮度。此外,通过将 $CsPbBr_3$ 溶液与 $CsPbBr_3/m-SiO_2$ 溶液同时暴露在 365 nm 的紫外线下来研究光衰减特性,如图 4-13(c)所示,持续照射 120 h 后,$CsPbBr_3$ 量子点的强度降低到初始荧光强度的 16.0%;由于 $m-SiO_2$ 壳层的保护，$CsPbBr_3/m-SiO_2$ 纳米异质结构的发光强度仅下降到初始值的 80.0% 左右。$CsPbBr_3/m-SiO_2$ 溶液在照射后仍为黄绿色，而 $CsPbBr_3$ 溶液变为淡黄色，这表明 $m-SiO_2$ 壳层可以有效地避免外部紫外线对量子点的破坏作用。将两种材料同时放入水中对比它们各自的化学稳定性[见图 4-13(d)]，超声 15 min 后，$CsPbBr_3$ 量子点溶液的绿光变得非常微弱，并在 20 min 后完全消失。与之形成鲜明对比的是，$CsPbBr_3/m-SiO_2$ 纳米异质结构的溶液显示出较好的光稳定性，由于 $m-SiO_2$ 壳层的保护作用，超声处理 30 min 后仍能观察到明亮的绿光发射。

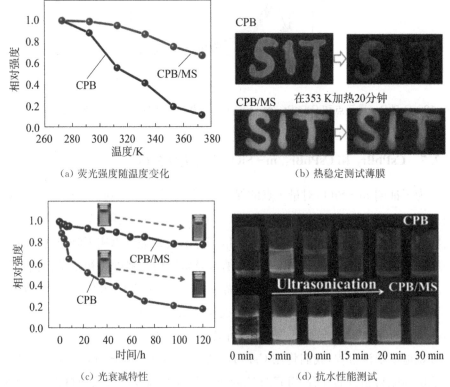

(a) 荧光强度随温度变化　　　　　(b) 热稳定测试薄膜

(c) 光衰减特性　　　　　　　(d) 抗水性能测试

图 4-13　$CsPbBr_3$ 量子点和 $CsPbBr_3/m-SiO_2$ 纳米异质结构的热稳定、光稳定和抗水性能测试

为了进一步研究 $CsPbBr_3/m-SiO_2$ 纳米异质结构材料的化学结构稳定性，分别对 $CsPbBr_3$ 量子点溶液和 $CsPbBr_3/m-SiO_2$ 纳米异质结构溶液进行与氯化锌的离子交换反应。$CsPbBr_3$ 量子点与氯化锌迅速进行离子交换反应，导致 $CsPbBr_3$ 发射峰明显蓝移[见图 4-14(a)]；而 $CsPbBr_3/m-SiO_2$ 纳米异质结构的发射峰几乎没有发生蓝移[见图 4-14(b)]，这是因为 $m-SiO_2$ 外壳

为内部 CsPbBr$_3$ 量子点提供了保护作用,降低了离子交换反应的速率。如图 4 - 14(c)所示,CsPbBr$_3$ 量子点的初始发射峰位于 518.8 nm,离子交换后发射峰位于 485.0 nm,蓝移了 33.8 nm;在相同条件下,CsPbBr$_3$/m - SiO$_2$ 纳米异质结构的发射峰仅发生了 3.0 nm 位移。在离子交换反应后,CsPbBr$_3$/m - SiO$_2$ 纳米异质结构溶液仍为绿色,而 CsPbBr$_3$ 量子点溶液呈现青绿色。这表明,m - SiO$_2$ 壳层可以有效抑制 CsPbBr$_3$ 量子点表面的 Br$^-$ 与 Cl$^-$ 的离子交换反应。

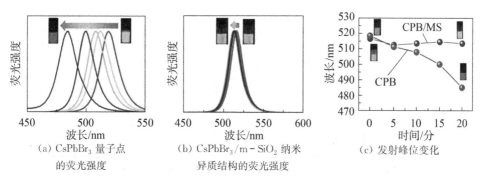

(a) CsPbBr$_3$ 量子点
的荧光强度　　(b) CsPbBr$_3$/m - SiO$_2$ 纳米
异质结构的荧光强度　　(c) 发射峰位变化

图 4 - 14　离子交换反应前后 CsPbBr$_3$ 量子点和 CsPbBr$_3$/m - SiO$_2$ 纳米异质结构材料的荧光强度及发射峰位变化

4.2.8　CsPbBr$_3$ 和 CsPbBr$_3$/m - SiO$_2$ 的自吸收特性研究

为了获得较高的光致发光效率,CsPbX$_3$ 量子点通常分散在有机溶剂中,但随着量子点溶液浓度的增加,量子点的自吸收和团聚会使其光致发光强度降低。自吸收效应,即由于发射介质本身对其荧光光谱的吸收,而使荧光光谱中心强度减弱的现象。量子点具有较小的斯托克斯位移,吸收光谱与发射光谱重叠部分越大,量子点的自吸收效应越严重,而吸收光谱峰与发射光谱峰位置的差值刚好等于斯托克斯位移。

首先我们通过斯托克斯位移的差值大小来衡量 CsPbBr$_3$/m - SiO$_2$ 纳米异质结构与 CsPbBr$_3$ 量子点两种材料的自吸收效应。图 4 - 15 为 CsPbBr$_3$/m - SiO$_2$ 纳米异质结构薄膜与 CsPbBr$_3$ 量子点薄膜的吸收光谱和荧光光谱,CsPbBr$_3$ 量子点薄膜的荧光发射峰位于 539 nm 处,相应的吸收峰位于 523 nm 处,斯托克斯位移为 16 nm。然而,CsPbBr$_3$/m - SiO$_2$ 纳米异质结构薄膜的发射峰位于 529 nm,其相应的吸收峰位于 507 nm,斯托克斯位移为 22 nm,CsPbBr$_3$/m - SiO$_2$ 纳米异质结构薄膜的斯托克斯位移比 CsPbBr$_3$ 量子点薄膜的斯托克斯位移大，吸收光谱和荧光光谱重叠较小，这表明 $CsPbBr_3/m-SiO_2$ 纳米异质结构的自吸收效应低于 $CsPbBr_3$ 量子点的。在荧光光谱的中心波长 529 nm 处，$CsPbBr_3$ 量子点的吸光度下降为第一个激子峰吸光度的 42.0%。而在 $CsPbBr_3/m-SiO_2$ 纳米异质结构的中心波长 539 nm 处，$CsPbBr_3$ 量子点的吸光度仅下降了第一个激子峰吸光度的 19.0%，这表明分散的 $CsPbBr_3$ 量子点的自吸收效应明显高于 $CsPbBr_3/m-SiO_2$ 纳米异质结构中的 $CsPbBr_3$ 量子点。

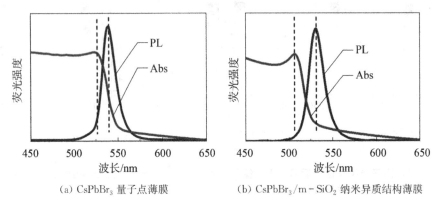

(a) $CsPbBr_3$ 量子点薄膜　　　(b) $CsPbBr_3/m-SiO_2$ 纳米异质结构薄膜

图 4-15　$CsPbBr_3$ 量子点和 $CsPbBr_3/m-SiO_2$ 纳米异质结构薄膜的光致发光光谱(PL)和吸收光谱(Abs)

此外，溶液中量子点的浓度也对量子点自吸收效应有较大的影响。在量子点溶液中，发射光谱中较短波长的光具有较高的光子能量，会首先被其他量子点吸收，因此随着溶液浓度的升高，$CsPbBr_3/m-SiO_2$ 纳米异质结构和 $CsPbBr_3$ 量子点的光致发光强度会降低，中心波长的峰位发生红移，如图 4-16 所示。然而，与 $CsPbBr_3/m-SiO_2$ 纳米异质结构相比，$CsPbBr_3$ 量子点荧光强度的下降速率明显更快，这表明 $CsPbBr_3$ 量子点的自吸收效应更明显，如图 4-16(c)所示，当浓度从 2 mg/mL 增加到 10 mg/mL 时，$CsPbBr_3$ 量子点的光致发光强度下降至初始强度的 18.6%；而在相同条件下，$CsPbBr_3/m-SiO_2$ 纳米异质结构的光致发光强度保持在初始值的 63.3%，这表明 $m-SiO_2$ 的孔道为量子点提供了空间，量子点被介孔网络孔道隔开，有效避免了量子点的团聚效应，减少了量子点彼此之间的自吸收效应。

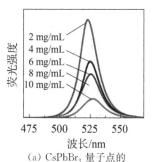

(a) CsPbBr₃ 量子点的
荧光强度

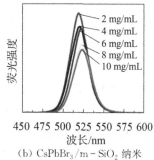

(b) CsPbBr₃/m-SiO₂ 纳米
异质结构的荧光强度

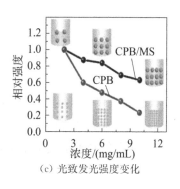

(c) 光致发光强度变化

图 4-16　CsPbBr₃ 量子点和 CsPbBr₃/m-SiO₂ 纳米异质结构的荧光强度和光致发光强度
随样品浓度的变化

　　固态照明应用中的荧光材料通常为粉体状态，但当量子点离心形成粉末后，量子点彼此之间的距离变小，并且团聚加剧，自吸收严重，荧光强度明显降低。如图 4-17 所示，将量子点溶液在 313 K 温度下干燥，由于严重的团聚效应及空气中水分子和氧气分子的破坏作用，CsPbBr₃ 量子点的 PLQY 降至36.0%；同时，CsPbBr₃ 粉末的颜色由溶液中的黄色变为橙色。但是，m-SiO₂中的 CsPbBr₃ 量子点在介孔框架的保护下 PLQY 仅下降至 68.0%，并且CsPbBr₃/m-SiO₂ 纳米异质结构粉末的颜色几乎保持不变，这表明 m-SiO₂的有序网络结构为 CsPbBr₃ 量子点提供了良好的保护作用，从而避免了团聚引起的光子损失和自吸收。因此 CsPbBr₃/m-SiO₂ 纳米异质结构可以实现高浓度溶液甚至粉末的高效率荧光输出。

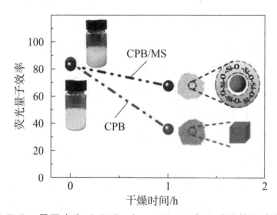

图 4-17　CsPbBr₃ 量子点和 CsPbBr₃/m-SiO₂ 纳米异质结构粉末的 PLQY 变化

图 4-18 为 $CsPbBr_3$ 量子点和 $CsPbBr_3/m-SiO_2$ 纳米异质结构的微观结构示意图，$CsPbBr_3$ 量子点表面暴露的原子会与氧原子和水分子直接反应，使其结构迅速破坏。相反，包裹在 $m-SiO_2$ 中的量子点被交联 SiO_2 网络结构包围，可以有效保护量子点并避免其与氧原子和水分子反应。此外，$m-SiO_2$ 为量子点提供了独特的微环境，$m-SiO_2$ 骨架的存在可以有效地隔离 $CsPbBr_3$ 量子点，避免其直接接触和严重的团聚，同时 $m-SiO_2$ 的介孔和通道可用作光波导，避免光子被其他量子点吸收，有效抑制量子点的自吸收效应。

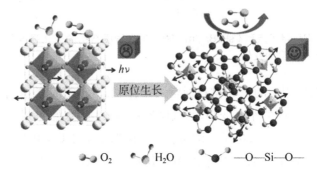

O_2　　H_2O　　$-O-Si-O-$

图 4-18　$CsPbBr_3$ 量子点和 $CsPbBr_3/m-SiO_2$ 纳米异质结构的微观结构示意图

4.2.9　$CsPbBr_3/m-SiO_2$ 纳米异质结构的应用

为了证明 $CsPbBr_3/m-SiO_2$ 纳米异质结构在固态照明应用方面的优异荧光特性，以 $CsPbBr_3/m-SiO_2$ 纳米异质结构材料制备柔性薄膜，测试薄膜的荧光强度，如图 4-19 所示，该薄膜可以在 $0°\sim180°$ 任意弯曲，不会发生量子点粉末剥离和脱落，以及荧光强度降低的情况。柔性薄膜的弯曲构型可以满足商用 LED 的拱形外观要求，有效降低内部 LED 的全反射，同时增加光致发光输出效率。图 4-20 为柔性薄膜与紫外芯片构建的远程 LED 器件结构示意图，该结构可以解决传统 LED 结构中硅胶黄化和热辐射差等问题。如图 4-21 所示，在紫外芯片激发下 LED 器件显示亮绿色荧光，色坐标为 $(0.09, 0.75)$。为了证明 $CsPbBr_3/m-SiO_2$ 纳米异质结构在实际应用中的潜力，分别测试以 $CsPbBr_3$ 量子点和 $CsPbBr_3/m-SiO_2$ 纳米异质结构为荧光材料的 LED 器件性能，经过 10 h 连续工作，$CsPbBr_3$ 量子点 LED 器件光致发光强度下降至初始荧光强度的 46.5%，而 $CsPbBr_3/m-SiO_2$ 纳米异质结构 LED 器件的光致发光强度基本保持不变（见图 4-22），这表明 $CsPbBr_3/m-SiO_2$ 纳米异质结构在商业照明和高品质显示等领域具有良好的实用价值。

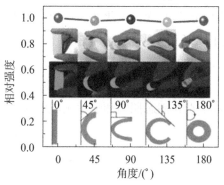

图 4-19　$CsPbBr_3/m-SiO_2$ 薄膜的弯曲度和相应的光致发光强度变化

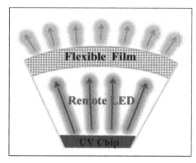

图 4-20　远程 LED 器件结构示意图

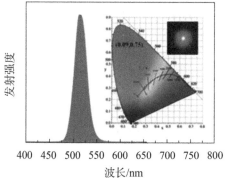

图 4-21　紫外芯片激发下 LED 光谱图（插图为国际照明委员会颜色坐标）

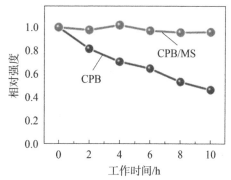

图 4-22　$CsPbBr_3$ 量子点和 $CsPbBr_3/m-SiO_2$ 纳米异质结构的工作强度随工作时间变化

4.3　小结

本章介绍了一种利用热注入原位制备 $CsPbBr_3/m-SiO_2$ 纳米异质结构的方法，将 $m-SiO_2$ 作为微反应器，在其孔道内部原位生长高稳定性钙钛矿量子点，通过量子点与网状孔道结构之间的化学键及孔道的保护作用提升其化学稳定性。该方法可有效提升量子点在介孔氧化物内部的填充度。由于原位化学反应得到的量子点与孔道之间的化学键比物理吸附结合力更强，量子点在介孔材料内部不容易脱出,从而有效抑制外界水分子和氧原子导致的量子点荧光猝灭效应。此外,m-SiO$_2$的网络骨架具有较低的折射率和较高的透射率,因此它可以同时作为光波导传输量子点发射的光子,与无二氧化硅保护的量子点相比其发光强度提升了44.7%,有效降低了量子点发光强度在介孔内部的损失。同时,由量子点异质结构组成的柔性显示器件的连续工作性能比没有形成异质结构的量子点有显著提升。该方法在一定程度上解决了量子点在实际应用中的自吸收和团聚等技术难题,为钙钛矿量子点在固态照明和显示领域的应用提供了新的解决方案与途径。

第5章 全无机钙钛矿量子点与聚二甲基硅氧烷的复合结构及其发光性质

高分子聚合物与量子点进行复合能够在量子点表面形成致密有机网络结构,抑制环境中水分子和氧分子对钙钛矿量子点材料的影响,提升量子点的化学稳定性。同时,聚合物的可加工性、柔性和与量子点的良好相容性可获得块体、薄膜和单分散微球[158]等复合结构材料,使量子点形成薄膜后具有良好的成膜性和可加工性。但是部分高分子材料与量子点相互作用会导致量子点荧光的猝灭,因此选择适合包覆的高分子材料是量子点复合材料的研究重点。尤其是钙钛矿量子点,其应用十分广泛,在室温和无惰性气体保护条件下具有高稳定性、高光致发光量子效率的优异荧光特性,但是其对水、氧和热等的敏感程度比其他量子点更为显著,因此,钙钛矿量子点与高分子材料的复合可以有效抑制环境中的水、氧和热对量子点荧光特性的影响。本章将介绍借助反应条件温和的微波辅助法来合成单分散 $CsPb(Br/Cl)_3:Mn^{2+}$(简写为 CPBCM)量子点,以及与聚二甲基硅氧烷复合的方法。该方法可在室温下进行,无须类似热注入法中的惰性气体保护及高温条件,而且微波辅助法在开放容器中进行反应,容易实现量子点的宏量制备,并且反应时间约为 5~20 min,避免了热注入法数秒内反应而过程较难控制等问题。

5.1 全无机钙钛矿量子点高分子聚合物制备

试验所需的化学试剂有碳酸铯(99.9%)、氯化锰、1-十八烯(≥90%)、十八烯胺(>90%)、十八烯酸(>90%)、溴化铅(9%)、正己烷(97%)、甲苯(99.5%)、聚二甲基硅氧烷。

1. $CsPbBr_3$ 量子点的合成

将 5.0 mL ODE、0.5 mL OA、0.5 mL OAm、0.10 mmol $PbBr_2$ 和

0.05 mmol Cs_2CO_3 依次装入 25 mL 烧杯中;然后将溶液在超声波清洗器中超声分散 10 min,再将混合物转移到微波炉中反应 9 min;随后,取出产物并搅拌 1 min;以 9 000 r/min 的转速离心,从混合物溶液中收集合成的量子点;最后将其分散在正己烷中。

2. $CsPb(Br/Cl)_3$:Mn^{2+}@聚二甲基硅氧烷(简写为 CPBCMD)量子点的合成

$CsPb(Br/Cl)_3$:Mn^{2+} 的合成与 $CsPbBr_3$ 类似,只需额外在反应物中加入锰源。合成 CPBCMD 的具体步骤:将 5 mL ODE、0.5 mL OA、0.5 mL OAm、0.10 mmol $PbBr_2$、0.05 mmol Cs_2CO_3、0.20 mmol $MnCl_2$、1 mL 甲苯和 2 mL 聚二甲基硅氧烷依次装入 25 mL 烧杯中;然后将溶液在超声波清洗器中超声分散 10 min,再将混合物转移到微波炉中反应 9 min;随后,取出烧杯并搅拌 1 min;以 9 000 r/min 的转速离心分离出量子点;最后再将其分散在正己烷中。

5.2 全无机钙钛矿量子点与高分子复合结构的性能研究

5.2.1 $CsPbBr_3$ 与 CPBCM 量子点的荧光特性分析

$CsPbBr_3$ 和 CPBCM 量子点的吸收光谱如图 5-1 所示。$CsPbBr_3$ 和 CPBCM 量子点的激子发射峰分别位于 522 nm 和 429 nm。此外,CPBCM 在 603 nm 处的光发射源于 CPBCM 量子点中的 Mn^{2+} 掺杂。从 $CsPbBr_3$ 量子点的光致发光光谱可以看出,它的半峰宽(FWHM)很窄,仅为 14 nm,其量子产率高达 86%。已制备出的 $CsPbBr_3$ 量子点吸收峰位和发射峰位之差(斯托克斯位移)为 13 nm。在激子复合过程中,部分能量会以热能的形式辐射掉,从而导致发射与吸收之间产生斯托克斯位移。对于 CPBCM,在 429 nm 处的窄峰(FWHM 为 9 nm)主要源于 $CsPb(Br/Cl)_3$ 的激子发射,而 603 nm 处的宽发射峰(FWHM 为 73 nm)源于 $CsPb(Br/Cl)_3$ 晶格中的 Mn^{2+}。与 $CsPbBr_3$ 相比,CPBCM 量子点的发射峰值从 522 nm 蓝移至 429 nm,这是因为锰源($MnCl_2$)中存在 Cl^-,当其参与反应后,Cl^- 会取代部分 Br^- 从而发生蓝移。CPBCM 荧光光谱中有两个独立的峰;一个是位于 429 nm 处的窄峰,另一个是在 603 nm 处的宽峰。429 nm 处的窄发射峰源于 $CsPb(Br/Cl)_3$ 量子点的激子发射。在 603 nm 处较宽的发射峰源于 Mn^{2+} $3d^5$ 轨道中的 $^4T_1 \rightarrow {}^6A_1^{[156-157]}$ 跃迁。

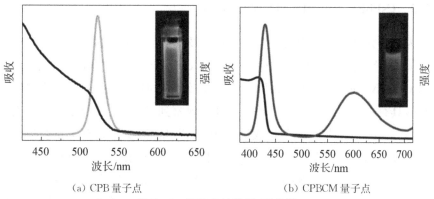

(a) CPB 量子点　　　　　　　　(b) CPBCM 量子点

图 5-1　量子点的发射-吸收谱

　　量子点的时间分辨荧光衰减曲线如图 5-2 所示，单指数函数式(5-1)拟合成的量子点荧光衰减曲线表明，$CsPbBr_3$ 和 CPBCM 的寿命分别为 26.42 ns 和 20.91 ns。在 CPBCM 中存在部分辐射跃迁能量从激子转移到 Mn^{2+} 的物理过程，原理图如图 5-3 所示，当 CPBCM 量子点被波长为 365 nm 的光激发时，电子从价带跃迁到导带。部分激子在辐射跃迁过程中转移到 $^4T_1$ 能级，然后再发生 $^4T_1 \rightarrow ^6A_1$ 的辐射跃迁，从而使 Mn^{2+} 发光。由荧光衰减曲线可以看出，$CsPbBr_3$ 在 522 nm 处的寿命比 CPBCM 在 429 nm 处的寿命要长一些，这是由能量转移引起的[159]。

$$y = A\exp\left(-\frac{x}{\tau}\right) + y_0 \qquad (5-1)$$

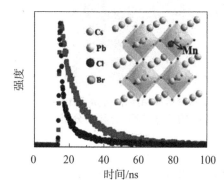

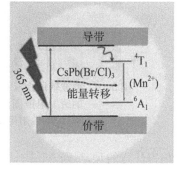

图 5-2　CPB 在 522 nm 处及 CPBCM 在 429 nm 处的时间分辨荧光衰减曲线

图 5-3　CPBCM 量子点的能量转移示意图

5.2.2 CsPbBr₃ 与 CPBCM 的形貌分析

为了探究微波辅助合成量子点的粒径及其粒径分布情况,进行了透射电子显微镜(TEM)表征。图 5-4(a)和图 5-4(c)分别给出了 CsPbBr₃ 钙钛矿量子点和 CPBCM 量子点的 TEM 图。单分散 CsPbBr₃ 量子点的平均粒径为 21 nm,具有六边形形貌。从 TEM 图可以观察到,所合成的量子点排列有序,粒径均一。因为在微波辅助合成过程中 CsPbBr₃ 量子点会发生自组装现象,最终形成纳米粒子的有序排列。上述分析表明微波辅助合成法可以很好地制备 CPB 量子点,并且能够实现量子点的 Mn²⁺ 掺杂。此外,微波辅助法可用 5~20 min 合成出钙钛矿量子点;而热注入反应仅为 10 s 左右,时间太短难以对反应进行控制。通过微波辐射快速加热能够避免温度梯度的产生,有助于合成尺寸均匀的单分散量子点。

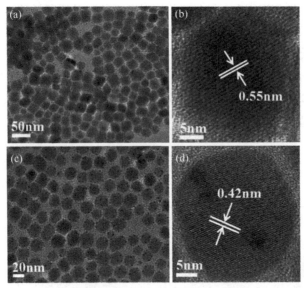

图 5-4 微波辅助合成 CsPbBr₃ 的低分辨率(a)和高分辨率(b)的透射电镜图谱及 CPBCM 的低分辨率(c)和高分辨率(d)的透射电镜图谱

值得注意的是,尽管 $MnBr_2$ 和 MnI_2 均可作为 Mn^{2+} 掺杂的前驱体,但是 $MnCl_2$ 是全无机 $CsPbX_3$($X = Cl$,Br,I)钙钛矿量子点或有机无机杂化 $(CH_3NH_3)PbX_3$($X = Cl$,Br,I)钙钛矿量子点比较理想的 Mn 掺杂源[160]。当

Mn 元素成功掺杂到量子点中时,晶格中的 Pb^{2+} 将部分被 Mn^{2+} 取代,在反应前驱体溶液中,Mn—X 的键能应与 $CsPbX_3$ 中 Pb—X 的键能相当[161],因此 $MnBr_2$ 并不是铯铅卤钙钛矿量子点 Mn^{2+} 掺杂的最佳选择,我们选择 $MnCl_2$ 作为锰源来合成 CPBCM。当 Mn^{2+} 被成功掺入量子点晶格后,其形貌保持不变,与微波辅助合成的 $CsPbBr_3$ 一样,为六方相构型。但是从 $CsPbBr_3$ 到 CPBCM,量子点的粒径从 21 nm 减小到 18 nm,粒径分布如图 5 - 5 所示,同时 (100) 的晶面间距从 0.55 nm 缩小为 0.42 nm,这是因为 Mn^{2+} 的离子半径 (0.097 nm)比 Pb^{2+} 的(0.0133 nm)小,使晶格收缩[162]。

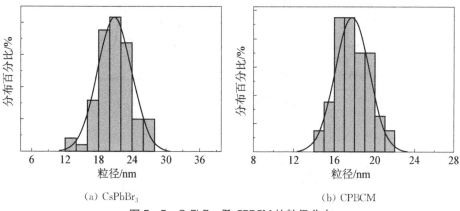

(a) $CsPbBr_3$　　　　　　　　(b) CPBCM

图 5 - 5　$CsPbBr_3$ 及 CPBCM 的粒径分布

5.2.3　CPBCM 及其复合结构的光电子特性分析

使用 X 射线光电子能谱(XPS)探究 Mn^{2+} 掺杂的钙钛矿量子点的元素组成及含量。图 5 - 6 显示量子点有 Cs、Pb、Br、Cl 元素的光电子能谱信号。两个结合能位于 137.8 eV 和 142.7 eV 的能谱峰来自 Pb 元素的 4f 轨道[163]。在 CPBCM 量子点的 XPS 谱图中,Cl 元素的 2p 轨道因为 $2p_{3/2}$ - $2p_{1/2}$ 的自旋轨道耦合而分裂成两个峰,峰值差为 1.7 eV。此外,对 Br 元素的 3d 轨道峰进行高斯曲线拟合,可得到两个峰值分别为 67.8 eV 和 68.9 eV[164]。Cl 元素的 $2p_{3/2}$ 峰位于 197.5 eV,这与 $PbCl_2$ 中 Cl 元素的结合能一致[165]。此外,在 XPS 中出现了 C、O 元素的峰,这主要源于量子点表面的长碳链配体及在测试过程中吸收的二氧化碳[166]。同时,尽管 Mn 的信号峰强度较弱,但依旧能够检测到。对 Mn 元素的 2p 轨道峰进行高斯分布曲线的拟合,可得到两个不同的分量,即 $2p_{1/2}$ 和 $2p_{3/2}$,其结合能分别为 641.3 eV 和 652.2 eV[167-168],这表明

Mn^{2+} 掺杂到量子点的晶格中。从 CPBCM 量子点的 XPS 测试结果可以看出，Mn 元素的含量为 1.27%，Pb 元素的含量为 1.15%。这表明 Pb 和 Mn 在 CPBCM 中的组成比例约为 1:1，即其组成为 CsPb$_{0.5}$Mn$_{0.5}$(Br/Cl)$_3$。值得注意的是，当 CPBCM 被聚二甲基硅氧烷包覆后，CPBCM 的各元素信号就很难检测出来，只能检测出 Si、O、C 的信号，这是因为 XPS 主要分析的是样品表面元素分布情况，这也进一步说明聚二甲基硅氧烷成功包覆在钙钛矿量子点表面，并且具有良好的包覆效果。

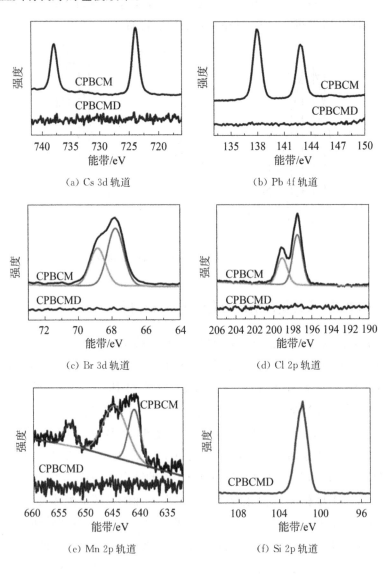

(a) Cs 3d 轨道

(b) Pb 4f 轨道

(c) Br 3d 轨道

(d) Cl 2p 轨道

(e) Mn 2p 轨道

(f) Si 2p 轨道

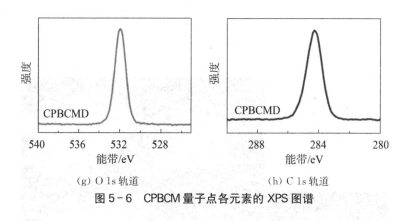

（g）O 1s 轨道　　　　　　　　　（h）C 1s 轨道

图 5-6　CPBCM 量子点各元素的 XPS 图谱

5.2.4　CsPbBr₃ 与 CPBD 量子点的红外光谱图和元素 mapping 图

微波辅助法合成制备的 $CsPbBr_3$ 与 $CsPbBr_3$@聚二甲基硅氧烷（简写为 CPBD）量子点的傅里叶变换红外光谱（FTIR）如图 5-7 所示。在 802 cm⁻¹ 处的红外吸收峰是 Si—C 键的伸缩振动，在 1 096 cm⁻¹ 处的红外吸收峰对应于 Si—O 键的伸缩振动，位于 1 260 cm⁻¹ 和 2 930 cm⁻¹ 处的红外吸收峰分别对应甲基的弯曲和伸缩振动，并且离心后聚二甲基硅氧烷仍能附着在量子点表面，该结果表明聚二甲基硅氧烷参与了反应。

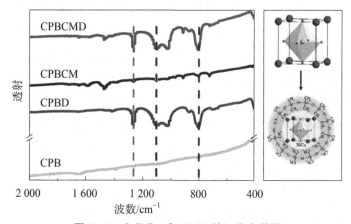

图 5-7　$CsPbBr_3$ 和 CPBD 的红外光谱图

　　根据元素 mapping 分析(见图 5-8)可以看出 CsPbBr₃ 与聚二甲基硅氧烷的 Cs、Pb 和 Br 3 种元素分布均匀,同时聚二甲基硅氧烷中的 Si 和 O 元素均匀分布在 CsPbBr₃ 量子点周围,包裹着量子点并对其进行保护。

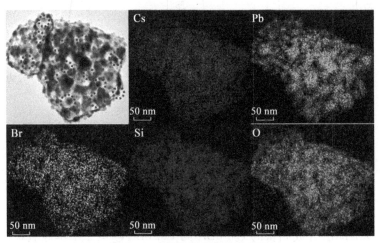

图 5-8　CPBD 的元素分布图像

5.2.5　CsPbBr₃ 与 CPBCM 及其复合结构的化学稳定性分析

　　为了提高 CsPbBr₃ 及 Mn²⁺ 掺杂量子点的化学稳定性,可在合成过程中加入聚二甲基硅氧烷,并探究聚二甲基硅氧烷参与反应前后荧光稳定性的变化情况。从图 5-9(a)和图 5-9(b)可以看出,在 500 W 氙灯辐射下,随着辐照时间的增加,120 min 后 CPBD 量子点的光致发光强度降为初始强度的 18%,但对于没有聚二甲基硅氧烷参与反应的 CsPbBr₃ 量子点,其强度仅为初始强度的 9%。这表明长链分子聚二甲基硅氧烷通过对 CsPbBr₃ 量子点的包裹可保护量子点,使其受环境的影响减小,提高了量子点的稳定性。与纯 CsPbBr₃ 相比,CPBD 量子点荧光强度下降速度较慢。这是因为当聚二甲基硅氧烷参与量子点的合成时,聚二甲基硅氧烷的长链网络结构在一定程度上削弱了外界环境对反应物的影响,形成化学稳定性良好的产物。

　　此外,经强光辐射,CsPbBr₃ 和 CPBD 量子点的发射峰位都会有一定程度的蓝移,这是因为高的光辐射对其表面结构有一定的破坏作用。对于 Mn²⁺ 掺杂的量子点,锰源为 MnCl₂,Cl⁻ 参与反应导致量子点的发射峰发生蓝移,CPBCM 和 CPBCMD 的发射峰位分别蓝移至 414 nm 和 417 nm(见图 5-9)。

聚二甲基硅氧烷的存在使得更多的 Br⁻ 参与反应,这也使得 CPBCMD 的激子发射峰位比 CPBCM 的红移了 3 nm。此外,随着氙灯辐照时间的增加,CPBCM 量子点激子光致发光强度的变化过程与 $CsPbBr_3$ 类似,其强度降低速度较快,但由于聚二甲基硅氧烷的保护,CPBD 和 CPBCMD 的光致发光强度下降速度较慢。

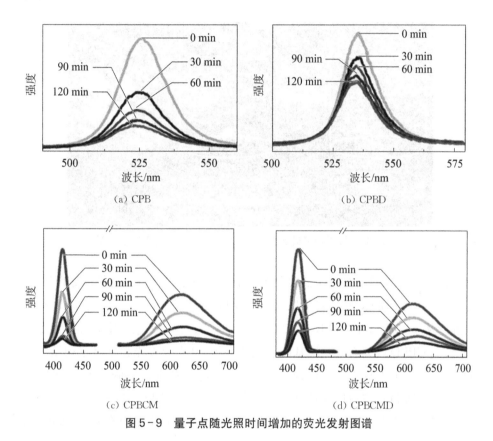

(a) CPB

(b) CPBD

(c) CPBCM

(d) CPBCMD

图 5-9　量子点随光照时间增加的荧光发射图谱

　　从图 5-9 可以看出,Mn^{2+} 掺杂后的量子点除了激子跃迁产生的蓝光发射外,还产生了一个由 Mn^{2+} 的 $^4T_1(4G) \rightarrow {}^6A_1(6S)$ 自旋禁阻跃迁引起的宽红色光发射[169]。与 CPBCMD 相比,CPBCM 的 Mn^{2+} 发射峰有 4.4 nm 红移,这是因为二者中的卤素含量不同。但随着光照时间的增加,Mn^{2+} 的发射光波长会发生红移,这是因为随着辐射时间的增加,温度升高引起晶格收缩,增加了 Mn^{2+} 周围的配位场强度,降低了 $^4T_{1g}$ 和 $^6A_{1g}$ 之间的能隙[170]。光衰减试验的结果如图 5-9 所示,随着辐射时间的增加,量子点荧光发射强度逐渐降低,但由于聚二甲基硅氧烷的保护作用,CPBCMD 荧光衰减相对较慢。聚二甲基硅氧烷包覆 CPBCM 量子点的原理示意图如图 5-10 所示:油胺、油酸和聚二甲基硅氧烷共存于反应溶液中,量子点在微波辅助下成核,部分油胺、油酸分子与量子点表面连接成为配体,聚二甲基硅氧烷不能够与量子点进行配位,但其分子量很大,能够包裹在量子点表面形成保护层。

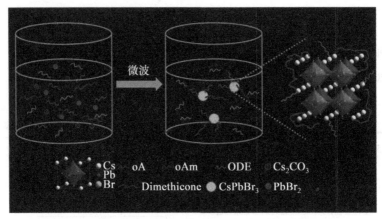

图 5-10　聚二甲基硅氧烷包覆 CPBCM 量子点的原理示意图

接下来探究温度对微波辅助合成量子点的稳定性影响。随着温度的升高,CsPbBr₃ 和 CPBD 的光发射强度均呈现下降趋势,如图 5-11(a)和(b)所示。当温度从 273 K 升至 293 K 时,CsPbBr₃ 的光致发光强度降低至初始强度的66%;而 CPBD 因为有聚二甲基硅氧烷的保护,其光致发光强度降至初始强度的 73%。继续升温至 353 K 时,CsPbBr₃ 的光致发光强度降至初始强度的46%,但 CPBD 仍然可以保持其初始强度的 51%。从图 5-11 可以看出,当温度从 273 K 升至 353 K 时,CsPbBr₃ 与 CPBD 的发射峰均存在红移现象,CsPbBr₃ 的发射峰红移 1 nm,CPBD 的发射峰红移 1.5 nm。一方面,温度升高导致原子振动加剧,量子点的体积膨胀,发射峰发生变化。另一方面,根据量子限域效应,计算 CsPbBr₃ 量子点的带隙为

$$E = E_g + \frac{h^2\pi^2}{2\mu R^2} - \frac{1.786e^2}{4\pi\varepsilon R} \qquad (5-2)$$

式中,E_g 是 CsPbBr₃ 体材料的带隙,μ 是激子的有效质量,R 是粒子半径,ε 是 CsPbBr₃ 块体材料的介电常数,e 是电子的电荷量。当聚二甲基硅氧烷包覆量

子点时,CsPbBr₃ 的介电常数增加,因此根据式(5-2)可知,CsPbBr₃ 量子点的带隙减小,并且聚二甲基硅氧烷包覆后其发射峰的红移更大。CPBCM 和 CPBCMD 的温度依赖性发光结果如图 5-11(c)和(d)所示。由于聚二甲基硅氧烷的包覆,CPBCM 的激子发射强度衰减比 CPBCMD 快。同时,Mn²⁺ 的发射也呈现出类似的趋势。

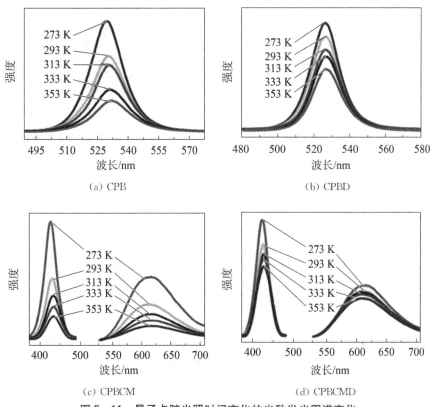

图 5-11　量子点随光照时间变化的光致发光图谱变化

最后将量子点与 PMMA(10.1 mol/L)混合,然后滴涂在紫外芯片(365 nm)上,制作成量子点原型 LED 器件,图 5-12 为白光 LED 光谱图。图 5-13 为 CPBD(绿光)和 CPBCMD(梅红光)LED 色坐标及实物图,其色坐标分别为(0.128,0.785)、(0.373,0.229),将 CPBD(绿光)和 CPBCMD(梅红光)混合后获得的白光 LED 器件色坐标为(0.340,0.300);但是将未通过聚二甲基硅氧烷包覆的 CsPbBr₃ 和 CPBCM 混合后,白光会迅速消失,这是因为没有聚二甲基硅氧烷的保护,CsPbBr₃ 和 CPBCM 之间发生阴离子交换的速度增加,使得白光迅速下降至消失。

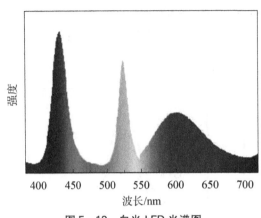

图 5-12　白光 LED 光谱图

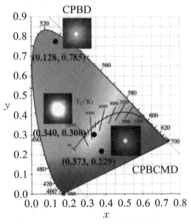

图 5-13　绿光、白光及梅红光
LED 色坐标及实物图

5.3　小结

　　本章介绍了一种无须惰性气体保护、可快速合成 CPBCMD 量子点的方法,同时提高了 CsPbX$_3$(X＝Cl, Br, I)的稳定性。用微波辅助法合成的绿色荧光 CsPbBr$_3$ 量子点量子效率高达 86%,且光谱窄、荧光寿命短(26.42 ns)。Mn^{2+} 掺杂的量子点仍然具有荧光寿命短这一特性,且寿命有所下降,为 20.91 ns;在激子与离子共发光下,CPBCM 的复合荧光色为梅红色。此外,在加入聚二甲基硅氧烷后,光稳定性和温度稳定性都得到了明显提高。与 CPBCM 相比,CPBCMD 的温度荧光稳定性增加了 7%,同时光辐射荧光稳定性增加了 10%,这表明通过聚二甲基硅氧烷包覆后,CPBCMD 的化学稳定性有明显提升。

第**6**章　钙钛矿量子点与银纳米薄膜复合结构及其增强发光性质

　　全无机铯铅卤化物钙钛矿量子点作为一种有前途的光电子材料,在照明、激光和光电探测等领域具有广阔的应用前景,近年来受到广泛关注。虽然基于该材料的照明应用已经取得了显著的进步,但该材料的性能仍有待进一步提高。在过去的几十年里,金属薄膜作为一种容易制备的等离子体结构,已经被证实可以增强许多不同发光介质的自发辐射,包括量子阱[171]、染料分子[172]、有机发光体[173]和半导体量子点[174],但在提高钙钛矿结构的发光效率方面还未见报道。

　　本章将验证金属薄膜对钙钛矿量子点发光的增强作用,以及用于改善低本征量子效率材料的发射[175-176];测量光致发光强度随 Ag 纳米薄膜与 SiO_2 介质间隔层厚度变化的函数关系;为充分理解光致发光增强的物理机制[177-180],用能量图和时间分辨荧光光谱描述能量传递过程和光致发光衰减动力学。该方法可为自发辐射设计和实现开辟一条新的途径,其改进功能在许多重要技术领域(从发光二极管和等离子体激光器到生物传感器等)都有潜在的应用。

6.1　样品制备

1. $CsPbBr_3$ 量子点制备

　　依次将 40 mL 十八碳烯(ODE)、3 mL 油酸(OA)和 1 g Cs_2CO_3 添加到 100 mL 三颈烧瓶中,并不断搅拌。随后,将容器在氩气流下于 130℃ 脱气 30 min。再将混合溶液加热到 150℃,保持 45 min,直到所有 Cs_2CO_3 溶解在 OA 和 ODE 中,将该溶液标记为 A。依次将 0.4 mmol $PbBr_2$、1 mL OA、1 mL OAm 和 10 mL ODE 加到另一个三颈烧瓶中,并在氩气流下脱气。在 130℃ 下保持 30 min,直到 $PbBr_2$ 溶解在 OA、OAm 和 ODE 中,将该溶液记为溶液 B。然后将温度升至 160℃，并再保持 10 min。此外，将 1 mL 溶液 A 迅速注入溶液 B 中，10 s 后用冰浴终止反应。通过添加 40 mL 过量的丙酮，沉淀所制备的量子点溶液，并在 8 000 r/min 下离心 3 min。收集 CsPbBr₃ 量子点，然后将其重新分散在 10 mL 正己烷中，形成稳定的 CsPbBr₃ 量子点溶液，该胶体量子点溶液的量子产率约为 40%[181]。

2. 银纳米(Ag‑NP)薄膜制备

图 6‑1(a)为用于调控发光强度的 Ag/SiO₂/CsPbBr₃ 量子点三层结构的示意图。将 SiO₂ 层作为隔离层来控制 Ag‑NP 薄膜与 CsPbBr₃ 量子点之间的距离。采用磁控溅射技术在厚度为 1 mm 的抛光石英衬底上依次沉积 Ag‑NP 薄膜和 SiO₂ 隔离层。然后，在最后沉积的 SiO₂ 隔离层上旋涂胶体 CsPbBr₃ 量子点(转速为 2 500 r/min，离心时间为 50 s)。图 6‑1(b)显示了用于荧光强度测量的角度分辨光谱系统的试验设置。系统的主要部件包括 405 nm 激发激光器、奥林巴斯光学显微镜、角度检测模块、制冷光纤光谱仪等。60 nm 厚的 Ag‑NP 膜和有 Ag‑NP 膜的 CsPbBr₃ 量子点的三维 STM 形貌如图 6‑1(c)和(d)所示。

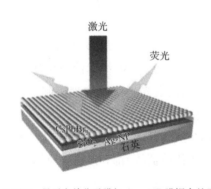

(a) CsPbBr₃ 量子点单分子膜与 Ag‑NP 膜耦合的示意图

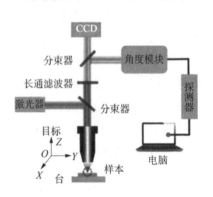

(b) 光致发光测量试验装置

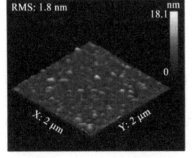

(c) 60 nm 厚的 Ag‑NP 膜的三维 STM 形貌　(d) 有 Ag‑NP 膜的 CsPbBr₃ 量子点的三维 STM 形貌

图 6‑1　试验装置和形态表征

6.2　样品表征

6.2.1　CsPbBr₃ 钙钛矿量子点材料的表征

为研究 CsPbBr₃ 的光学性质,测量了胶体量子点的紫外-可见吸收光谱和荧光光谱,如图 6-2 所示,吸收光谱在 510 nm 处有一个带边,而荧光光谱在 520 nm 处有一个尖锐的发射峰。在紫外光的照射下 CsPbBr₃ 量子点可以获得明亮的绿色发射(见图 6-2)。图 6-3 展示了 CsPbBr₃ 量子点立方结构的晶胞示意图,与图 6-4 中的 XRD 测量结果一致。为进一步证实 CsPbBr₃ 量子点的组成,由图 6-4 可知,2θ 处的主要 X 射线衍射峰分别为 15.8°、22.4°、31.9°、35.8°、39.3°、45.7°、48.7°、51.5°、56.9°、61.9°、66.7°、69.0°、71.3°、75.8° 和 78.1°,分别对应于(100)、(110)、(200)、(210)、(211)、(220)、(221)、(310)、(321)、(222)、(400)、(322)、(411)、(420)和(421)晶面,与编号为 84-0464 的 JCPDS 卡的 XRD 轮廓一致。结果表明,制备的量子

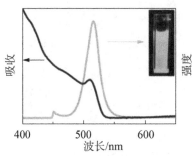

图 6-2　量子点的紫外-可见
吸收和荧光光谱

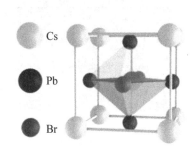

图 6-3　钙钛矿晶体结构的
晶胞示意图

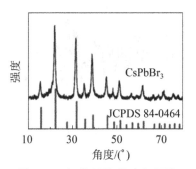

图 6-4　标准 XRD 轮廓和钙钛
矿薄膜的 XRD 轮廓

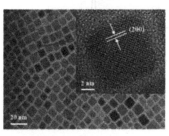

图 6-5　量子点 d(200)晶格条纹的典型 TEM
图像和相应的 HRTEM 图像

点没有其他杂质(如 Cs_2CO_3 和 $PbBr_2$)的衍射峰。图 6-5 利用 TEM 和 HRTEM 对 $CsPbBr_3$ 量子点的晶体形貌进行了表征,结果表明成功合成了立方体形状的量子点,立方体平均边长为$(11.3\pm0.7)nm$。根据 HRTEM 图像,$CsPbBr_3$ 量子点结晶良好,具有明显的晶格条纹(见图 6-5),晶格间距 d(112)为$(0.317\pm0.014)nm$,对应于立方体 $CsPbBr_3$ 的(200)晶面。

6.2.2　银纳米薄膜的表征

为了研究银纳米薄膜的形貌特征,用扫描探针显微镜的 STM 模式对 Ag-NP 和 $CsPbBr_3$ 量子点薄膜的形貌进行表征。图 6-1(c)和(d)为没有和有量子点的 60 nm Ag-NP 薄膜的三维 STM 图像,其均方根(RMS)粗糙度分别为 1.8 nm 和 2.8 nm。相应的二维 STM 高度图像和多行扫描高度分布如图 6-6 所示。

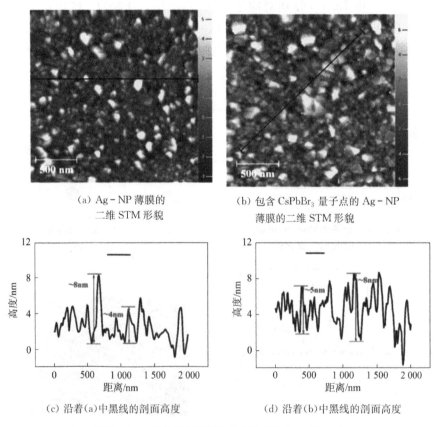

(a) Ag-NP 薄膜的二维 STM 形貌

(b) 包含 $CsPbBr_3$ 量子点的 Ag-NP 薄膜的二维 STM 形貌

(c) 沿着(a)中黑线的剖面高度

(d) 沿着(b)中黑线的剖面高度

图 6-6　STM 高度图像和多行扫描(d_{Ag} = 60 nm)

6.3　银纳米薄膜辅助增强量子点荧光

6.3.1　荧光强度变化和增强因子分析

为了研究所提出的三层结构对自发辐射的增强作用,对 $CsPbBr_3$ 量子点在 6 种不同厚度的银纳米薄膜($d_{Ag}=0$ nm, 20 nm, 40 nm, 60 nm, 80 nm, 100 nm)上的荧光光谱进行测试,这些银膜由 10 nm 厚的 SiO_2 间隔层隔开,测试结果如图 6-7(a)所示。结果表明,与对照样品($d_{Ag}=0$ nm)相比,含 Ag 薄膜样品的发射强度增强,而对量子点发射峰位置的影响可以忽略不计。为了更清楚地说明发射增强效应,我们定义了一个增强因子 $E_F=I/I_0$,其中 I 和 I_0 分别是来自含 Ag 薄膜的样品和对照样品的荧光信号,并绘制了在发射峰值波长处荧光增强因子随 Ag 膜厚度的变化[见图 6-7(c)]。从图 6-7(c)可以清楚地看出,随着 Ag 膜厚度的增加,增强因子先增加,然后略有下降,最终在厚度为 100 nm 处饱和。当 $d_{Ag}=60$ nm 时,测得最大荧光增强因子约为 11。在文献[183-184]中,这种基于金属薄膜的荧光增强通常是通过与表面等离子体激元(SPP)近场耦合,从而提高自发发射和内部量子效率。然而,对于对照样品 $CsPbBr_3$ 量子点发射器,其量子效率 $Q_0=0.4$,尽管由于量子点聚集效应以及在没有溶液保护的情况下与氧气和水发生反应,其量子效率远低于胶体量子点溶液,但内部量子效率可达到的最大增强因子应该小于 10,而这小于荧光发射中观察到的较大增强幅度。因此,仅仅使用 SPP 的调解来解释该处的光致发光增强是不合适的[184-186]。我们认为,这种显著的发光增强主要归因于 $CsPbBr_3$ 量子点在激发波长的吸收增强和发射波长的荧光量子效率增强的结合。

图 6-7(e)的虚线表示由于量子点吸收的增强而产生的增强因子 F_a($F_a=A/A_0$)与 Ag-NP 膜厚度的函数关系。为了解释图 6-7(c)所示的荧光增强对 Ag-NP 膜厚度的依赖性,还应该探究 SPP 耦合对荧光效率的提高。为了解决这个问题,我们使用了文献[187-189]报道的半经典方法来模拟因金属薄膜的存在而导致的量子点发射的修正。在该方法中,将量子点发射极视为振荡电偶极子,因此可以将该三层结构视为偶极子置于 Ag-NP 膜顶部的情况。基于这种方法,在量子点发射能量下计算的荧光效率增强和 Ag-NP 膜厚度的关系如图 6-7(e)中的虚线所示($F_q=Q/Q_0$)。F_a 和 F_q 的乘积在图 6-7(c)中

绘制为实线,这与试验结果一致,表明总的荧光增强源于激发过程中的吸收增强和发射过程中的辐射效率增强的协同效应。

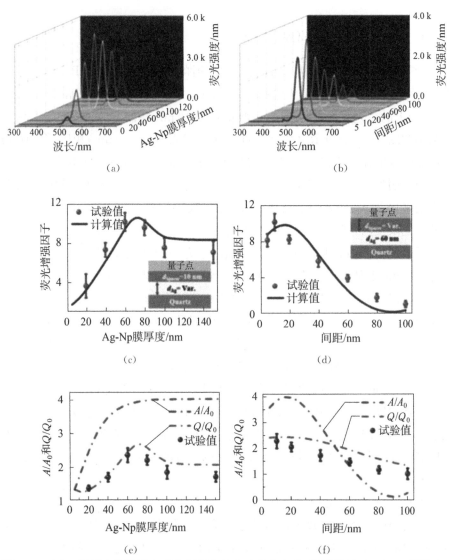

图 6-7 (a)不同厚度的银膜上 CPB 量子点的光致发光光谱;(b)量子点在 60 nm 厚的 Ag-NP 膜上的光致发光光谱;(c)实验(球)和计算(线)荧光增强因子与 Ag-NP 膜厚度的函数关系;(d)荧光增强因子与 SiO₂ 介质间隔层厚度的函数关系;(e)由增强的吸收和由改进的量子效率产生的增强因子随 Ag-NP 膜厚度变化的函数关系;(f)相对于间隔层的厚度绘制了由吸收增强和量子效率提高引起的增强因子

图 6 - 7(b)显示了 $CsPbBr_3$ 量子点的荧光发射光谱随 SiO_2 间隔层厚度（$d_{Ag}=60\,nm$）的变化，可进一步探索金属增强荧光效应的距离依赖性。厚度为 10 nm 的 SiO_2 间隔层样品在所有样品中表现出最大的发光增强效应。图 6 - 7(d)描述了试验和指数拟合荧光强度与 SiO_2 间隔层厚度的关系。随着 SiO_2 间隔层厚度的增加，荧光强度呈明显的指数衰减趋势，这与金属和介质界面产生的表面等离子体激元的衰减规律非常吻合。图 6 - 7(f)中的 F_a 和 F_q 的乘积与图 6 - 7(d)中拟合的试验实线也较为一致。结果表明，要获得最佳的荧光增强效果，必须合理选择 Ag - NP 膜的厚度和 SiO_2 间隔层的厚度。这里，我们将 SiO_2 间隔层的厚度固定为 10 nm，以防止发生猝灭效应。由 Förster 共振能量转移（FRET）引起的荧光猝灭效应可以通过合理选择间隔层厚度来避免。值得注意的是，当 $CsPbBr_3$ 量子点层与 Ag - NP 膜直接或紧密接触时，量子点可能会发生荧光猝灭现象。荧光猝灭过程用徕卡相机记录，如图 6 - 8 所示。

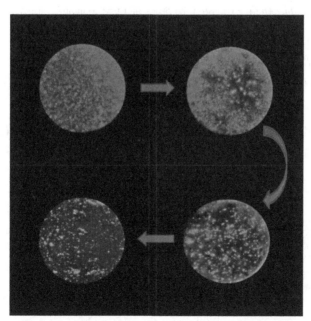

图 6-8　量子点荧光猝灭过程（由徕卡相机拍摄，间隔为几分钟，银纳米薄膜和介质间隔层主要厚度参数为 $d_{Ag}=60\,nm$，$d_{spacer}=5\,nm$）

6.3.2　椭圆偏振分析和光学吸收光谱分析

为了更好地研究 $CsPbBr_3$ 量子点的吸收特性,利用椭圆偏振光谱技术提取了量子点的光学常数。图 6-9(a)展示了 $CsPbBr_3$ 量子点层的振幅比 Ψ 和相位差 Δ(固体曲线)在入射角 $\theta=45°,55°$ 的光谱范围内的实测椭圆偏振数据。图 6-9(b)显示了通过拟合试验光谱椭圆偏振数据而提取的复折射率分量 n 和 k。正如预期的那样,量子点的消光系数 k 随着发射峰位不断增加而急剧降低。图 6-9(c)显示了图 6-7(a)所研究的结构在垂直入射时的计算吸收光谱。吸光度由方程 $A=1-R-T$ 得到,其中 R 和 T 分别为反射率和透射率,是基于传递矩阵法直接计算的。这些结构的相应试验吸收光谱如图 6-9(d)所示,理论计算结果与试验结果吻合较好。从图 6-9(c)和图 6-9(d)可以看出,含 Ag-NP 膜样品的吸收强度比对照样品大得多,且随着 Ag 厚度的增加而增大,在小于 λ 的波长范围内,在 60 nm 处达到饱和。

图 6-9(e)显示了 Ag 厚度为 60 nm 的样品的吸收光谱。结果表明,在激发波长 405 nm 处,超过 51% 的入射能量被量子点吸收。与在该波长下吸收仅为 12% 左右的对照样品相比,量子点的吸收强度提高了 4.25 倍。为了揭示这种吸收增强效应的本质,对其近场响应进行研究。图 6-9(f)显示了图 6-9(e)所研究的结构的归一化电磁场幅度,以及时均功率耗散密度,它被波长为 405 nm 的垂直入射平面波照射[190]。由图 6-9(f)可以看出,电磁场的分布呈现出不对称的特征,入射光的大部分能量被量子点收集和消散。这些结果表明,这种高吸收增强归因于零级光学非对称类法布里-珀罗薄膜干涉效应[190-191]。

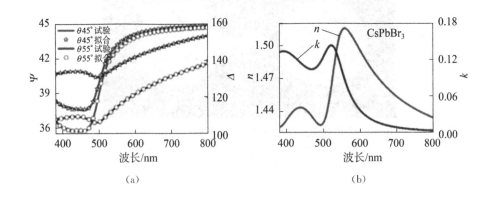

(a)　　　　　　　　　　　　　　(b)

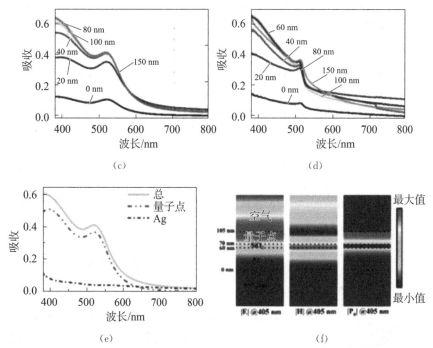

图 6-9 (a)量子点层在入射角 $\theta = 45°,55°$时的 Δ 和 Ψ,以及多重洛仑兹振子模型拟合;
(b)椭圆偏振测量得到的量子点折射率实部和虚部;(c)计算和(d)试验含和不含
量子点的吸收光谱随 Ag-Np 膜厚度的变化;(e)衬底为 60 nm 厚度 Ag 的样品的
吸收光谱;(f)图(e)所研究的结构在 405 nm 波长下归一化后的电磁场振幅和时均
能量耗散密度

6.3.3 能量跃迁过程和荧光寿命分析

Ag-NP 膜辅助量子点发光增强的机理可以用经典的简化 Jablonski 能级
图来描述,如图 6-10 所示。其中,A 代表量子点的吸收,Γ 和 K_{nr} 表示真空中
的辐射衰减率和非辐射衰减率,Γ_{Ag} 表示有了 Ag-NP 膜后表面附近的附加辐
射衰减率。与裸石英衬底上的量子点相比[见图 6-10(a)],当量子点位于 Ag
-NP 膜上时,基于光学不对称类法布里-珀罗薄膜干涉效应,光子激发速率得
到很大提高[见图 6-10(b)],同时,通过 SPP 耦合使得新的发射通道出现,这
可以显著加快衰减速度。为了试验研究量子点-SPP 耦合对自发辐射速率的
影响,我们测量了 Ag-NP 膜和裸石英衬底(对照样品)上量子点的时间分辨荧
光衰减。图 6-11 显示了由时间相关单光子计数系统[192]测量的荧光寿命。量
子点在 Ag-NP 膜上的延迟时间比对照样品明显减少,Ag-NP 膜的厚度对荧

光衰减的影响趋势与荧光效率增强因子 F_q 的变化趋势相似。荧光寿命衰减曲线用如下双指数衰减函数近似拟合[193-194]：

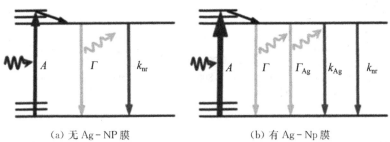

(a) 无 Ag-NP 膜　　　　　　　　(b) 有 Ag-Np 膜

图 6-10　没有(a)和具有(b)Ag-NP 膜辅助增强的量子点吸收和发射过程的能级跃迁示意图

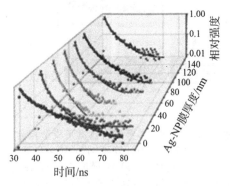

图 6-11　在具有不同厚度的 Ag-NP 膜(d_{Ag} = 0 nm，20 nm，40 nm，60 nm，80 nm，100 nm)上量子点的时间分辨荧光光谱

$$y = y_0 + A_1 e - (X - X_0)\tau_1 + A_2 e - (X - X_0)\tau_2$$

$$(6-1)$$

式中，τ_1 和 τ_2 分别是荧光衰减的两个不同通道的寿命；A_1 和 A_2 分别表示 τ_1 和 τ_2 的比例；X 为时间变量；X_0 为初始时刻。平均寿命可以由式(6-2)推算出来：

$$\tau_{ave} = A_1\tau_1 + A_2\tau_2 \quad (6-2)$$

由表 6-1 可知，Ag-NP 膜上量子点的平均衰减时间分别为 1.96 ns

(d_{Ag} = 20 nm)、1.89 ns(d_{Ag} = 40 nm)、1.74 ns(d_{Ag} = 60 nm)、2.02 ns(d_{Ag} = 80 nm)、3.20 ns(d_{Ag} = 100 nm)，均比裸量子点的平均衰减时间(7.56 ns)短得多。Ag-NP 膜的存在使得荧光寿命缩短，这表明 SPP 提供了由强量子点-SPP 相互作用引起的额外的高速率发射通道。图 6-12 为当 Ag-NP 膜厚度固定不变(d_{Ag} = 60 nm)时，不同 SiO_2 间隔层厚度下，量子点的时间分辨荧光光谱。正如预期的那样，该系列样品的衰减时间明显短于对照样品，SiO_2 间隔层越厚，耦合作用越弱，荧光的寿命越长，这与图 6-7(d)中荧光强度的衰减趋势一致。特别地，量子点耦合到 Ag-NP 膜上的程度越强，荧光的寿命越短。

表 6-1　用双指数衰减函数拟合的荧光寿命与 Ag-NP 膜厚度的关系($d_{层}=10\,nm$)

试样	d_{Ag}/nm	A_1	τ_1/ns	A_2	τ_2/ns	τ_{ave}/ns
Quartz	—	0.31	1.87	0.69	9.03	7.56
Ag_{20}	20	0.55	0.74	0.45	3.43	1.96
Ag_{40}	40	0.54	0.76	0.46	3.22	1.89
Ag_{60}	60	0.58	0.68	0.42	3.18	1.74
Ag_{80}	80	0.60	0.88	0.40	3.77	2.02
Ag_{100}	100	0.40	1.12	0.60	4.66	3.20

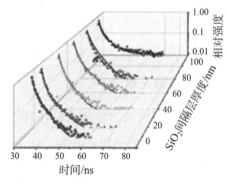

图 6-12　在具有不同厚度的电介质间隔层的
一系列平面等离子体结构上量子点
的时间分辨荧光光谱

为了更深入地了解荧光增强机制,图 6-13(a)和图 6-13(b)分别从能带

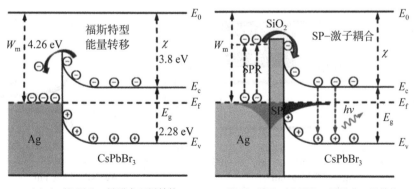

（a）Ag/CsPbBr₃ 量子点双层结构　　（b）Ag/SiO₂/CsPbBr₃ 量子点三层结构

图 6-13　能量传递过程示意图

角度描绘了 Ag/CsPbBr₃ 结构和 Ag/SiO₂/CsPbBr₃ 结构的能带图。由于 Ag 的功函数(4.26 eV)大于 CsPbBr₃ 的电子亲和势(3.8 eV),在 Ag 和 CsPbBr₃ 量子点的界面处形成肖特基接触,使得接触区域附近 CsPbBr₃ 量子点的能带上弯。当泵浦 CsPbBr₃ 量子点时,激发的电子可以直接从 CsPbBr₃ 的导带移动到 Ag 的费米能级(称为 Förster 型的非辐射能量转移),如图 6-13(a)所示。相比之下,在图 6-13(b)中,当在肖特基接触之间插入优化的薄 SiO₂ 间隔层时,可以忽略从 CsPbBr₃ 量子点到 Ag 的直接传输。表面等离子体共振(SPR)促使 Ag 纳米粒子中的电子在真空度以下达到较高的能态(称为 SPR 能级),这些高能电子可以从 Ag 纳米粒子表面逸出,转移到 CsPbBr₃ 量子点的导带中。因此,上述两种异质结构之间相互竞争的能量转移结果强烈依赖于 SiO₂ 间隔层的厚度,这与前面的分析结果一致。

6.3.4 表面等离子体激元色散关系

关于有损耗金属薄膜下的表面波的色散关系,如图 6-14(a)所示,Ag-NP 膜受可变厚度 d 和介电常数 ε_2 两种因素影响。首先求解出各个部分的电磁场分布,再利用界面处电磁场的连续性条件推导出相应关系式。对称的三层结构的色散关系如图 6-14(a)所示,对称模式的色散曲线在 Ag-NP 膜厚度约为 60 nm 处出现拐点。通过图 6-14(b)所示的传播长度关系可以清楚地看到,当 Ag-NP 膜厚度接近 60 nm 时,对称模式获得最大的传播长度。前节测试 Ag-NP 膜对量子点自发辐射的增强作用时得到,60 nm 厚度 Ag-NP 膜的增强因子最大,与本节有最大传播长度的结论是一致的。

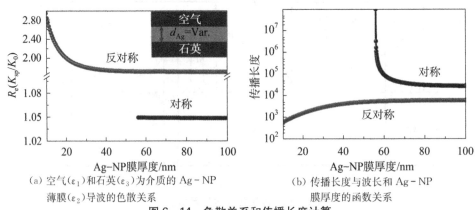

(a) 空气(ε_1)和石英(ε_3)为介质的 Ag-NP 薄膜(ε_2)导波的色散关系

(b) 传播长度与波长和 Ag-NP 膜厚度的函数关系

图 6-14 色散关系和传播长度计算

6.3.5　荧光角度色散分析

众所周知,角度依赖是表面等离子体光子及其光学应用领域的一个重要问题。本节我们用角度分辨光谱系统对有关样品进行了角度依赖性测试。图 6-15(a)为平面发光层的典型广角朗伯分布示意图,它遵循余弦发射定律(也称为朗伯发射定律)。图 6-15(b)展示了利用角度分辨荧光光谱系统测量的相关样品的发射光谱强度随角度变化的函数关系。通过有无 Ag-NP 膜的对比,试验得到了荧光强度(星号和球形)随波长和探测角度的变化,与朗伯余弦定律(实线)相符合。此外,值得指出的是,有金属薄膜的量子点辐射模式的非定向性与参考样品(裸石英片上的量子点)的发射行为相似。这与文献[195-196]利用等离子体激元纳米结构增强自发发射的结果形成鲜明对比,其中方向选择性发射也是增强辐射特性中重要的方面。

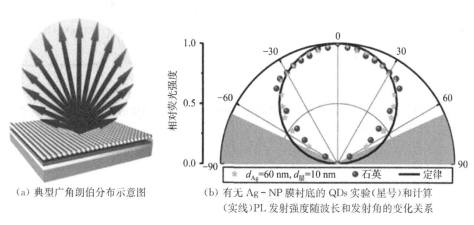

(a) 典型广角朗伯分布示意图　　(b) 有无 Ag-NP 膜衬底的 QDs 实验(星号)和计算
　　　　　　　　　　　　　　　　(实线)PL 发射强度随波长和发射角的变化关系

图 6-15　光致发光的朗伯分布

6.4　其他贵金属纳米薄膜增强荧光

传统贵金属(Au, Ag, Al)纳米颗粒都可以作为表面等离子体激元增强荧光的候选对象,其工作波长与金属材料的种类、颗粒大小和组分等有关,主要覆盖可见光区域到近红外区域。因此,要实现较大的增强效果需要选择与荧光分子特征波长相匹配的贵金属材料。在试验上,我们也尝试了用其他贵金属纳米薄膜辅助增强 CsPbBr$_3$ 量子点的荧光强度。如图 6-16 所示,Au-NP 薄膜对裸石英衬底上量子点光致发光最大增强因子低于 2。主要原因是 Au-NP 薄膜的等离子共振频率只能在 520 nm 以后的波段出现,这显然与 CsPbBr₃ 量子点吸收和发射波长不匹配。Al-NP 薄膜对裸石英衬底上量子点光致发光最大增强因子为 3,其增强效果相对于 Ag-NP 薄膜要小很多(见图 6-17),原因同样与 Al-NP 薄膜的等离子共振频率有关。Al-NP 薄膜的等离子体共振频率在 350 nm 左右,故只能在量子点激发波长处增强吸收,而无法覆盖其发射波长。由此可知,单纯利用自然存在的金属结构来调控发光材料的自发辐射过程存在很大的局限性,而想要扩大选择灵活性并丰富调控自由度,开展基于人工电磁超构材料和平面光学微腔的相关研究成为一种必然选择。

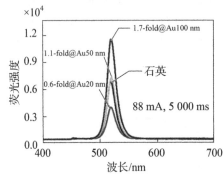

图 6-16　不同厚度的 Au-NP 薄膜对量子点荧光强度的增强效果

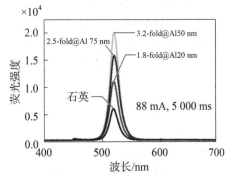

图 6-17　不同厚度的 Al-NP 薄膜对量子点荧光强度的增强效果

6.5　无机钙钛矿量子点的发展及应用前景

　　无机钙钛矿 CsPbX₃(X=Cl,Br,I)量子点具有高发光量子效率、制备工艺简单、发光光谱可调、较窄的半峰宽、较高的缺陷容忍度等优点,受到了研究人员的广泛关注,已经在太阳能电池、发光二极管、柔性显示和光电探测等领域展示出了广阔的应用前景。本书主要关注钙钛矿量子点的发光显示性能,但无机钙钛矿量子点在发光与显示的实际应用中仍面临化学稳定性差、铅的毒性、蓝光器件效率低、表面配体对电荷迁移的影响及大规模制备工艺等问题。在这些应用面临的主要问题中,钙钛矿量子点的化学稳定性是最关键的问题,其他应用均建立在钙钛矿量子点化学稳定性的基础之上。

　　目前,提高钙钛矿量子点化学稳定性的方法主要有掺杂、包覆、改性、构筑异质结构和复合结构等。其中,掺杂、构筑异质结构和复合结构等方法是提升钙钛矿量子点化学稳定性和发光性能最有效和最常用的方法。

全无机钙钛矿量子点的优异荧光及光电物理特性使得它在多个领域的应用有着很好的发展前景。尽管目前掺杂、构筑异质结构和复合结构等方法在解决其化学稳定性和物理特性调控方面取得了良好的效果，但是与实际应用要求还存在一定差距，包括目前用于提升全无机钙钛矿量子点的其他改性方法，如表面改性、应力应变调控等方案也同样无法从根本上提升化学稳定性，从而达到产业化应用的要求。尽管通过玻璃的非晶析出钙钛矿量子点等提升其化学稳定性的方法能够满足实际应用的条件，但是该方法会使量子点的荧光效率下降、量子点在材料的填充度较低。因此，在未来的研究中仍然需要探索新的提升钙钛矿量子点化学稳定性的方案，同时还需要在后续的器件封装、散热等工艺上进行开发，发展适合钙钛矿器件的新型封装和器件散热工艺技术，与钙钛矿化学稳定性提升方案协同解决器件稳定性和产业化应用的问题。

6.6　小结

在本章中，我们证明了使用 Ag - NP 薄膜可以显著增强天然高性能荧光团 $CsPbBr_3$ 量子点的发光，而 Ag - NP 薄膜通常被用来改善低本征量子效率材料的发光，而不是用于高发光效率的材料。研究了荧光强度随 Ag - NP 薄膜厚度和 SiO_2 介质间隔层厚度变化的函数关系。相对于钙钛矿量子点在裸石英衬底上的发射，Ag - NP 膜辅助 $CsPbBr_3$ 量子点获得了 11 倍的最大荧光增强因子。这种较大增强背后的基本物理涉及两个方面：一方面，由于强烈的光学非对称类法布里-珀罗薄膜干涉效应，量子点在激发波长的吸收得到明显增强，甚至当间隔层厚度小于 50 nm 时，类法布里-珀罗薄膜干涉效应在整个发光增强中起主导作用；另一方面，表面等离子体激元提高了量子点在发射波长的辐射速率和量子效率。试验结果和理论计算之间的良好一致性证实了本书的预测。该项研究有望为拓展高性能钙钛矿光电器件的实际应用（如发光二极管、生物传感器和等离子体激光器）开辟新的途径。

References 参考文献

［1］ HALPERIN W P. Quantum size effects in metal particles ［J］. Review of Modern Physics，1986，58(3)：533 – 606.

［2］ SICHERT J A，TONG Y，MUTZ N，et al. Quantum size effect in organometal halide perovskite nanoplatelets ［J］. Nano Letters，2015，15(10)：6521 – 6527.

［3］ 丁楠. 钙钛矿量子点的光学性质及应用研究［D］.吉林：吉林大学，2020.

［4］ 杨伟强. 全无机铅卤化物钙钛矿复合材料的制备、稳定性提升及其光发射器件研究［D］.吉林：东北师范大学，2020.

［5］ MURRAY C B，NORRIS D J，BAWENDI M G. Synthesis and characterization of nearly monodisperse CdE（E = Sulfur，Selenium，Tellurium）semiconductor nanocrystallites ［J］. Journal of the American Chemical Society，1993，115(19)：8706 – 8715.

［6］ TALAPIN D V，ROGACH A L，KORNOWSKI A，et al. Highly luminescent monodisperse CdSe and CdSe/ZnS nanocrystals synthesized in a hexadecylamine-trioctylphosphine oxide-trioctylphospine mixture ［J］. Nano Letters，2001，1(4)：207 – 211.

［7］ HAMBROCK J，BECKER R，BIRKNER A，et al. A non-aqueous organometallic route to highly monodispersed copper nanoparticles using ［Cu(OCH(Me)CH$_2$NMe$_2$)$_2$］ ［J］. Chemical Communications，2002(1)：68 – 69.

［8］ JANA N R，PENG X. Single-phase and gram-scale routes toward nearly monodisperse Au and other noble metal nanocrystals ［J］. Journal of the American Chemical Society，2003，125(47)：14280 – 14281.

［9］ MURRAY C B，NORRIS D J，BAWENDI M G. Synthesis and characterization of nearly monodisperse CdE（E = sulfur，selenium，tellurium）semiconductor nanocrystallites ［J］. Journal of the American Chemical Society，1993，115(19)：8706 – 8715.

［10］ NORRIS D J，NIRMAL M，MURRAY C B，et al. Size dependent optical spectroscopy of II – VI semiconductor nanocrystallites (quantum dots) ［J］. Zeitschrift für Physik D Atoms，Molecules and Clusters，1993，26(1)：355 – 357.

［11］ KALYANASUNDARAM K，BORGARELLO E，DUONGHONG D，et al. Cleavage of water by visible-light irradiation of colloidal CdS solutions: inhibition of Photocorrosion by RuO2 [J]. Angewandte Chemie International Edition in English, 1981,20(11):987 - 988.

[12] LIPPENS P, LANNOO M. Calculation of the band gap for small CdS and ZnS crystallites [J]. Physical Review B: Condensed Matter, 1989,39(15):10935.

[13] PEREZ-CONDE J, BHATTACHARJEE A K. Electronic structure of CdTe nanocrystals: a tight-binding study [J]. Solid State Communications, 1999,110(5): 259 - 264.

[14] SWARNKAR A, MARSHALL A R, SANEHIRA E M, et al. Quantum dot-induced phase stabilization of α - CsPbI$_3$ perovskite for high-efficiency photovoltaics [J]. Science, 2016,354(6308):92 - 95.

[15] KIM Y H, CHO H, LEE T W. Metal halide perovskite light emitters [J]. Proceedings of the National Academy of Sciences, 2016,113(42):11694 - 11702.

[16] JOHNSTON K W, PATTANTYUS-ABRAHAM A G, CLIFFORD J P, et al. Schottky-quantum dot photovoltaics for efficient infrared power conversion [J]. Applied Physics Letters, 2008,92(15):151115.

[17] XING G, MATHEWS N, LIM S S, et al. Low-temperature solution-processed wavelength-tunable perovskites for lasing [J]. Nature Materials, 2014, 13 (5): 476 - 480.

[18] GARCÍA de ARQUER F P, TALAPIN D V, KLIMOV V I, et al. Semiconductor quantum dots: technological progress and future challenges [J]. Science, 2021,373 (6555):aaz8541.

[19] SHEN H, QIANG G, ZHANG Y, et al. Visible quantum dot light-emitting diodes with simultaneous high brightness and efficiency [J]. Nature Photonics, 2019,13(3): 192 - 197.

[20] SUN H, YANG Z, WEI M, et al. Chemically addressable perovskite nanocrystals for light-emitting applications [J]. Advanced Materials, 2017,29(34):1701153.

[21] JIANG Q, ZHAO Y, ZHANG X, et al. Surface passivation of perovskite film for efficient solar cells [J]. Nature Photonics, 2019,13(7):460 - 466.

[22] ZHU X, ZHAO X, LI L, et al. Perovskite self-passivation with PCBM for small open-circuit voltage loss [J]. Energy and Power Engineering, 2020,12(6):257.

[23] KOJIMA A, TESHIMA K, SHIRAI Y, et al. Organometal halide perovskites as visible-light sensitizers for photovoltaic cells [J]. Journal of the American Chemical Society, 2009,131(17):6050 - 6051.

[24] RAMASAMY P, LIM D H, KIM B, et al. All inorganic cesium lead halide perovskite nanocrystals for photodetector applications [J]. Chemical Communications, 2016,52 (10):2067 - 2070.

[25] LEE Y, KWON J, HWANG E, et al. High-performance perovskite-graphene hybrid photodetector [J]. Advanced Materials, 2015,27(1):41 - 46.

[26] BI C, KERSHAW S V, ROGACH A L, et al. Improved stability and photodetector

performance of CsPbI$_3$ perovskite quantum dots by ligand exchange with aminoethanethiol [J]. Advanced Functional Materials，2019，29(29)：1902446.

[27] 王兰，董渊，高嵩，等. 钙钛矿材料在激光领域的研究进展[J]. 中国光学，2019，12(5)：993-1014.

[28] XU Y，CHEN Q，ZHANG C，et al. Two-photon-pumped perovskite semiconductor nanocrystal lasers [J]. Journal of the American Chemical Society，2016，138(11)：3761-3768.

[29] LI J，RENMING L，RONGLING S，et al. Continuous wave pumped nanolasers of single-mode in inorganic perovskites with robust stability and high quantum yield [J]. Nanoscale，2018，10(28)：13565-13571.

[30] 张宇，于伟冰. 胶体半导体量子点[M]. 北京：科学出版社，2015.

[31] CHEN Y，ROSENZWEIG Z. Luminescent CdS quantum dots as selective ion probes [J]. Analytical Chemistry，2002，74(19)：5132-5138.

[32] JEONG K S，GUYOT-SIONNEST P. Mid-infrared photoluminescence of CdS and CdSe colloidal quantum dots [J]. ACS Nano，2016，10(2)：2225-2231.

[33] HAFFOUZ S，ZEUNER K D，DALACU D，et al. Bright single InAsP quantum dots at telecom wavelengths in position-controlled InP nanowires：the role of the photonic waveguide [J]. Nano Letters，2018，18(5)：3047-3052.

[34] LIAO W C，RIUTIN M，PARAK W J，et al. Programmed pH-responsive microcapsules for the controlled release of CdSe/ZnS quantum dots [J]. ACS Nano，2016，10(9)：8683-8689.

[35] WANG R，LU K Q，TANG Z R，et al. Recent progress in carbon quantum dots：synthesis，properties and applications in photocatalysis [J]. Journal of Materials Chemistry A，2017，5(8)：3717-3734.

[36] DU Y，GUO S. Chemically doped fluorescent carbon and graphene quantum dots for bioimaging，sensor，catalytic and photoelectronic applications [J]. Nanoscale，2016，8(5)：2532-2543.

[37] ZHANG Y，LIU J，WANG Z，et al. Synthesis，properties，and optical applications of low-dimensional perovskites[J]. Chemical Communications，2016，52(94)：13637-13655.

[38] CHEN W，XIN X，ZANG Z，et al. Tunable photoluminescence of CsPbBr$_3$ perovskite quantum dots for light emitting diodes application [J]. Journal of Solid State Chemistry，2017，255：115-120.

[39] LIU F，ZHANG Y，DING C，et al. Highly luminescent phase-stable CsPbI$_3$ perovskite quantum dots achieving near 100% absolute photoluminescence quantum yield [J]. ACS Nano，2017，11(10)：10373-10383.

[40] BAYER L，EHRHARDT M，LORENZ P，et al. Morphology and topography of perovskite solar cell films ablated and scribed with short and ultrashort laser pulses [J]. Applied Surface Science，2017，416：112-117.

[41] ZHAO Y，ZHU K. Organic-inorganic hybrid lead halide perovskites for optoelectronic

and electronic applications [J]. Chemical Society Reviews, 2016,45(3):655 – 689.

[42] NIKL M, NITSCH K, POLÁK K, et al. Quantum size effect in the excitonic luminescence of CsPbX$_3$-like quantum dots in CsX (X=Cl, Br) single crystal host [J]. Journal of Luminescence, 1997,72:377 – 379.

[43] GOLDSCHMIDT V M. Die gesetze der krystallochemie [J]. Naturwissenschaften, 1926,14(21):477 – 485.

[44] TAN Z K, MOGHADDAM R S, LAI M L, et al. Bright light-emitting diodes based on organometal halide perovskite [J]. Nature Nanotechnology, 2014,9(9):687 – 692.

[45] WU L, HU H, XU Y, et al. From non-luminescent Cs$_4$PbX$_6$ (X = Cl, Br, I) nanocrystals to highly luminescent CsPbX$_3$ nanocrystals: water triggered transformation through a CsX-stripping mechanism [J]. Nano Letters, 2017,17(9):5799 – 5804.

[46] ZHANG X, BAI X, WU H, et al. Water-assisted size and shape control of CsPbBr$_3$ perovskite nanocrystals [J]. Angewandte Chemie International Edition, 2018,57(13): 3337 – 3342.

[47] MEYNS M, PERALVAREZ M, HEUER J A, et al. Polymer-enhanced stability of inorganic perovskite nanocrystals and their application in color conversion LEDs [J]. ACS Applied Materials & Interfaces, 2016,8(30):19579 – 19586.

[48] LIN J, GOMEZ L D, WEERD C, et al. Direct observation of band structure modifications in nanocrystals of CsPbBr$_3$ perovskite [J]. Nano Letters, 2016,16(11): 7198 – 7202.

[49] ZHANG M, YU H, LYU M, et al. Composition-dependent photoluminescence intensity and prolonged recombination lifetime of perovskite CH$_3$NH$_3$PbBr$_{3-x}$Cl$_x$ films [J]. Chemical Communications, 2014,50(79):11727 – 11730.

[50] CHEN J, LIU D, AL-MARRLI M J, et al. Photo-stability of CsPbBr$_3$ perovskite quantum dots for optoelectronic application [J]. Science China Materials, 2016,59(9): 719 – 727.

[51] LI J, XU L, WANG T, et al. 50-Fold EQE improvement up to 6. 27% of solution-processed all-inorganic perovskite CsPbBr$_3$ QLEDs via surface ligand density control [J]. Advanced Materials, 2017,29(5):1603885.

[52] DE ROO J, IBÁÑEZ M, GEIREGAT P, et al. Highly dynamic ligand binding and light absorption coefficient of cesium lead bromide perovskite nanocrystals [J]. ACS Nano, 2016,10(2):2071 – 2081.

[53] 吕斌,郭旭,高党鸽,等. 提高钙钛矿量子点稳定性的研究进展[J]. 化工进展,2021,40 (1):247 – 258.

[54] KUBICKI D J, PROCHOWICZ D, HOFSTETTER A, et al. Cation dynamics in mixed-cation (MA)$_x$(FA)$_{1-x}$PbI$_3$ hybrid perovskites from solid-state NMR [J]. Journal of the American Chemical Society, 2017,139(29):10055 – 10061.

[55] BAO C, CHEN Z, FANG Y, et al. Low-noise and large-linear-dynamic-range photodetectors based on hybrid-perovskite thin-single-crystals [J]. Advanced Materials, 2017,29(39):1703209.

[56] SUTHERLAND B R, SARGENT E H. Perovskite photonic sources [J]. Nature Photonics, 2016,10(5):295 – 302.

[57] LI X, BI D, YI C, et al. A vacuum flash-assisted solution process for high-efficiency large-area perovskite solar cells [J]. Science, 2016,353(6294):58 – 62.

[58] CHEN Z, DONG Q, LIU Y, et al. Thin single crystal perovskite solar cells to harvest below-bandgap light absorption [J]. Nature Communications, 2017,8(1):1 – 7.

[59] PAN J, SHANG Y, YIN J, et al. Bidentate ligand-passivated CsPbI₃ perovskite nanocrystals for stable near-unity photoluminescence quantum yield and efficient red light-emitting diodes [J]. Journal of the American Chemical Society, 2017,140(2): 562 – 565.

[60] FU Y, ZHU H, STOUMPOS C C, et al. Broad wavelength tunable robust lasing from single-crystal nanowires of cesium lead halide perovskites (CsPbX₃, X=Cl, Br, I) [J]. ACS Nano, 2016,10(8):7963 – 7972.

[61] JEON N J, NOH J H, YANG W S, et al. Compositional engineering of perovskite materials for high-performance solar cells [J]. Nature, 2015,517(7535):476 – 480.

[62] MCMEEKIN D P, SADOUGHI G, REHMAN W, et al. A mixed-cation lead mixed-halide perovskite absorber for tandem solar cells [J]. Science, 2016, 351 (6269): 151 – 155.

[63] YI C, LUO J, MELONI S, et al. Entropic stabilization of mixed a-cation ABX₃ metal halide perovskites for high performance perovskite solar cells [J]. Energy & Environmental Science, 2016,9(2):656 – 662.

[64] WANG Q, LYU M, ZHANG M, et al. Transition from the tetragonal to cubic phase of organohalide perovskite: the Role of chlorine in crystal formation of CH₃NH₃PbI₃ on TiO₂ substrates [J]. The Journal of Physical Chemistry Letters, 2015, 6 (21): 4379 – 4384.

[65] KULBAK M, GUPTA S, KEDEM N, et al. Cesium enhances long-term stability of lead bromide perovskite-based solar cells [J]. The Journal of Physical Chemistry Letters, 2016,7(1):167 – 172.

[66] ZHOU Y, ZHOU Z, CHEN M, et al. Doping and alloying for improved perovskite solar cells [J]. Journal of Materials Chemistry A, 2016,4(45):17623 – 17635.

[67] ZHANG C, GAO L, HAYASE S, et al. Current advancements in material research and techniques focusing on lead-free perovskite solar cells [J]. Chemistry Letters, 2017,46(9):1276 – 1284.

[68] SHI Z, GUO J, CHEN Y, et al. Lead-free organic-inorganic hybrid perovskites for photovoltaic applications: recent advances and perspectives [J]. Advanced Materials, 2017,29(16):1605005.

[69] LIU J, ZHANG J. Nanointerface chemistry: lattice-mismatch-directed synthesis and application of hybrid nanocrystals [J]. Chemical Reviews, 2020,120(4):2123 – 2170.

[70] REISS P, PROTIERE M, LI L. Core/shell semiconductor nanocrystals [J]. Small, 2009,5(2):154 – 168.

[71] WANG S, WANG L W. Exciton dissociation in CdSe/CdTe heterostructure nanorods [J]. The Journal of Physical Chemistry Letters, 2011, 2(1):1-6.

[72] KUANG Q, JIANG Z Y, XIE Z X, et al. Tailoring the optical property by a three-dimensional epitaxial heterostructure: a case of ZnO/SnO_2 [J]. Journal of the American Chemical Society, 2005, 127(33):11777-11784.

[73] HOLLINGSWORTH J A. Heterostructuring nanocrystal quantum dots toward intentional suppression of blinking and auger recombination [J]. Chemistry of Materials, 2013, 25(8):1318-1331.

[74] TAN C, ZHANG H. Epitaxial growth of hetero-nanostructures based on ultrathin two-dimensional nanosheets [J]. Journal of the American Chemical Society, 2015, 137(38): 12162-12174.

[75] ZHONG Q, CAO M, HU H, et al. One-pot synthesis of highly stable $CsPbBr_3 @ SiO_2$ core-shell nanoparticles [J]. ACS Nano, 2018, 12(8):8579-8587.

[76] RAVI V K, SAIKIA S, YADAV S, et al. $CsPbBr_3/ZnS$ core/shell type nanocrystals for enhancing luminescence lifetime and water stability [J]. ACS Energy Letters, 2020, 5(6):1794-1796.

[77] LIANG X, CHEN M, WANG Q, et al. Ethanol-precipitable, silica-passivated perovskite nanocrystals incorporated into polystyrene microspheres for long-term storage and reusage [J]. Angewandte Chemie, 2019, 131(9):2825-2829.

[78] ZHANG H, WANG X, LIAO Q, et al. Embedding perovskite nanocrystals into a polymer matrix for tunable luminescence probes in cell imaging [J]. Advanced Functional Materials, 2017, 27(7):1604382.

[79] ZHANG M, WANG M, YANG Z, et al. Preparation of all-inorganic perovskite quantum dots-polymer composite for white LEDs application [J]. Journal of Alloys and Compounds, 2018, 748:537-545.

[80] LIU C, KWON Y K, HEO J. Temperature-dependent brightening and darkening of photoluminescence from PbS quantum dots in glasses [J]. Applied Physics Letters, 2007, 90(24):241111.

[81] XIA M, LIU C, ZHAO Z, et al. Surface passivation of CdSe quantum dots in all inorganic amorphous solid by forming $Cd_{1-x}Zn_x Se$ shell [J]. Scientific Reports, 2017, 7 (1):1-9.

[82] DU Y, WANG X, SHEN D, et al. Precipitation of $CsPbBr_3$ quantum dots in borophosphate glasses inducted by heat-treatment and UV-NIR ultrafast lasers [J]. Chemical Engineering Journal, 2020, 401:126132.

[83] SUN C, ZHANG Y, RUAN C, et al. Efficient and stable white LEDs with silica-coated inorganic perovskite quantum dots [J]. Advanced Materials, 2016, 28(45): 10088-10094.

[84] LI Z J, HOFMAN E, LI J, et al. Photoelectrochemically active and environmentally stable $CsPbBr_3/TiO_2$ core/shell nanocrystals [J]. Advanced Functional Materials, 2018, 28(1):1704288.

[85] WANG H C, LIN S Y, TANG A C, et al. Mesoporous silica particles integrated with all-Inorganic CsPbBr₃ perovskite quantum-dot nanocomposites (MP-PQDs) with high stability and wide color gamut used for backlight display [J]. Angewandte Chemie International Edition, 2016,55(28):7924 - 7929.

[86] DIRIN D N, PROTESESCU L, TRUMMER D, et al. Harnessing defect-tolerance at the nanoscale: highly luminescent lead halide perovskite nanocrystals in mesoporous silica matrixes [J]. Nano Letters, 2016,16(9):5866 - 5874.

[87] ANAYA M, RUBINO A, ROJAS T C, et al. Strong quantum confinement and fast photoemission activation in CH₃NH₃PbI₃ perovskite nanocrystals grown within periodically mesostructured films [J]. Advanced Optical Materials, 2017, 5 (8):1601087.

[88] ZHOU L, YU K, YANG F, et al. All-inorganic perovskite quantum dot/mesoporous TiO₂ composite-based photodetectors with enhanced performance [J]. Dalton Transactions, 2017,46(6):1766 - 1769.

[89] WEI Y, XIAO H, XIE Z, et al. Highly luminescent lead halide perovskite quantum dots in hierarchical CaF₂ matrices with enhanced stability as phosphors for white light-emitting diodes [J]. Advanced Optical Materials, 2018,6(11):1701343.

[90] MOON H, LEE C, LEE W, et al. Stability of quantum dots, quantum dot films, and quantum dot light-emitting diodes for display applications [J]. Advanced Materials, 2019,31(34):1804294.

[91] NEDELCU G, PROTESESCU L, YAKUNIN S, et al. Fast anion-exchange in highly luminescent nanocrystals of cesium lead halide perovskites (CsPbX₃, X = Cl, Br, I) [J]. Nano Letters, 2015,15(8):5635 - 5640.

[92] PROTESESCU L, YAKUNIN S, BODNARCHUK M I, et al. Nanocrystals of cesium lead halide perovskites (CsPbX₃, X = Cl, Br, and I): novel optoelectronic materials showing bright emission with wide color gamut [J]. Nano Letters, 2015,15(6):3692 - 3696.

[93] SONG J, LI J, LI X, et al. Quantum dot light-emitting diodes based on inorganic perovskite cesium lead halides (CsPbX₃) [J]. Advanced Materials, 2015, 27 (44): 7162 - 7167.

[94] SUH Y H, KIM T, CHOI J W, et al. High-performance CsPbX₃ perovskite quantum-dot light-emitting devices via solid-state ligand exchange [J]. ACS Applied Nano Materials, 2018,1(2):488 - 496.

[95] LI G, ZHANG Y, GENG D, et al. Single-composition trichromatic white-emitting Ca₄Y₆(SiO₄)₆O: Ce³⁺/Mn²⁺/Tb³⁺ phosphor: luminescence and energy transfer [J]. ACS Applied Materials & Interfaces, 2012,4(1):296 - 305.

[96] HUANG H, BODNARCHUK M I, KERSHAW S V, et al. Lead halide perovskite nanocrystals in the research spotlight: stability and defect tolerance [J]. ACS Energy Letters, 2017,2(9):2071 - 2083.

[97] AKKERMAN Q A, D'INNOCENZO V, ACCORNERO S, et al. Tuning the optical properties of cesium lead halide perovskite nanocrystals by anion exchange reactions [J]. Journal of the American Chemical Society, 2015,137(32):10276 – 10281.

[98] AN R, ZHAO H, HU H M, et al. Synthesis, structure, white-light emission, and temperature recognition properties of Eu/Tb mixed coordination polymers [J]. Inorganic Chemistry, 2016,55(2):871 – 876.

[99] WANG F, HAN Y, LIM C S, et al. Simultaneous phase and size control of upconversion nanocrystals through lanthanide doping [J]. Nature, 2010,463(7284): 1061 – 1065.

[100] ZHOU D, LIU D, PAN G, et al. Cerium and ytterbium codoped halide perovskite quantum dots: a novel and efficient downconverter for improving the performance of silicon solar cells [J]. Advanced Materials, 2017,29(42):1704149.

[101] CREUTZ S E, FAINBLAT R, KIM Y, et al. A selective cation exchange strategy for the synthesis of colloidal Yb^{3+}-doped chalcogenide nanocrystals with strong broadband visible absorption and long-lived near-infrared emission [J]. Journal of the American Chemical Society, 2017,139(34):11814 – 11824.

[102] HU Q, LI Z, TAN Z, et al. Rare earth ion-doped $CsPbBr_3$ nanocrystals [J]. Advanced Optical Materials, 2018,6(2):1700864.

[103] PAROBEK D, DONG Y, QIAO T, et al. Direct hot-injection synthesis of Mn-doped $CsPbBr_3$ nanocrystals [J]. Chemistry of Materials, 2018,30(9):2939 – 2944.

[104] SU Y, CHEN X, JI W, et al. Highly controllable and efficient synthesis of mixed-halide $CsPbX_3$ (X=Cl, Br, I) perovskite QDs toward the tunability of entire visible light [J]. ACS Applied Materials & Interfaces, 2017,9(38):33020 – 33028.

[105] PAN G, BAI X, YANG D, et al. Doping lanthanide into perovskite nanocrystals: highly improved and expanded optical properties [J]. Nano letters, 2017,17(12): 8005 – 8011.

[106] HU Q, LI Z, TAN Z, et al. Rare earth ion-doped CsPbBr3 nanocrystals [J]. Advanced Optical Materials, 2018,6(2):1700864.

[107] MIR W J, JAGADEESWARARAO M, DAS S, et al. Colloidal Mn-doped cesium lead halide perovskite nanoplatelets [J]. ACS Energy Letters, 2017,2(3):537 – 543.

[108] KIM H S, SEO J Y, XIE H, et al. Effect of Cs-incorporated NiO_x on the performance of perovskite solar cells [J]. ACS Omega, 2017,2(12):9074 – 9079.

[109] PHILIPPE B, SALIBA M, CORREA-BAENA J P, et al. Chemical distribution of multiple cation (Rb^+, Cs^+, MA^+, and FA^+) perovskite materials by photoelectron spectroscopy [J]. Chemistry of Materials, 2017,29(8):3589 – 3596.

[110] WANG N, XU X, LI H, et al. Preparation and application of a xanthate-modified thiourea chitosan sponge for the removal of Pb(Ⅱ) from aqueous solutions [J]. Industrial & Engineering Chemistry Research, 2016,55(17):4960 – 4968.

[111] JIANG Q, ZENG X, WANG N, et al. Electrochemical lithium doping induced property changes in halide perovskite $CsPbBr_3$ crystal [J]. ACS Energy Letters, 2017,

3(1):264-269.

[112] SHIMTZU, K, SHCHUKAREV A, KOZIN P A, et al. X-ray photoelectron spectroscopy of fast-frozen hematite colloids in aqueous solutions. 5. Halide ion (F⁻, Cl⁻, Br⁻, I⁻) adsorption [J]. Langmuir 2013,29(8):2623-2630.

[113] TURNER M, VAUGHAN O P H, KYRIAKOU G, et al. Deprotection, tethering, and activation of a one-legged metalloporphyrin on a chemically active metal surface: NEXAFS, synchrotron XPS, and STM study of [SAc]P-Mn(Ⅲ)Cl on Ag(100) [J]. Journal of the American Chemical Society, 2009,131(41):4913-14919.

[114] SUN Y, WU Z Y, WANG X, et al. Macroscopic and microscopic investigation of U (Ⅵ) and Eu (Ⅲ) adsorption on carbonaceous nanofibers [J]. Environmental Science & Technology, 2016,50(8):4459-4467.

[115] LIU Y, TANG X, ZHU T, et al. All-inorganic CsPbBr₃ perovskite quantum dots as a photoluminescent probe for ultrasensitive Cu²⁺ detection [J]. Journal of Materials Chemistry C, 2018,6(17):4793-4799.

[116] FANG X, CHEN C, LIU Z, et al. A cationic surfactant assisted selective etching strategy to hollow mesoporous silica spheres [J]. Nanoscale, 2011,3(4):1632-1639.

[117] DI X, SHEN L, JIANG J, et al. Efficient white LEDs with bright green-emitting CsPbBr₃ perovskite nanocrystal in mesoporous silica nanoparticles [J]. Journal of Alloys & Compounds, 2017,729,526-532.

[118] WANG H C, LIN S Y, TANG A C, et al. Mesoporous silica particles integrated with all-inorganic CsPbBr₃ perovskite quantum-dot nanocomposites (MP-PQDs) with high stability and wide color gamut used for backlight display [J]. Angewandte Chemie International, 2016,128(28):8056-8061.

[119] ZHANG Q, SHANG Q, SHI J, et al. Wavelength tunable plasmonic lasers based on intrinsic self-absorption of gain material [J]. ACS Photonics, 2017, 4 (11): 2789-2796.

[120] BIAN H, BAI D, JIN Z, et al. Graded bandgap CsPbI₂₊ₓBr₁₋ₓ perovskite solar cells with a stabilized efficiency of 14.4% [J]. Joule, 2018,2(8):1500-1510.

[121] PAN L, HE Q, LIU J, et al. Nuclear-targeted drug delivery of TAT peptide-conjugated monodisperse mesoporous silica nanoparticles [J]. Journal of the American Chemical Society, 2012,134(13):5722-5725.

[122] RIHA S C, PARKINSON B A, PRIETO A L. Solution-based synthesis and characterization of Cu₂ZnSnS₄ nanocrystals [J]. Journal of the American Chemical Society, 2009,131(34):12054-12055.

[123] LI Q, LIU Y, CHEN P, et al. Excitonic luminescence engineering in tervalent-europium-doped cesium lead halide perovskite nanocrystals and their temperature-dependent energy transfer emission properties [J]. The Journal of Physical Chemistry C, 2018,122(50):29044-29050.

[124] CHEN D, FANG G, CHEN X. Silica-coated Mn-doped CsPb (Cl/Br)₃ inorganic perovskite quantum dots: exciton-to-Mn energy transfer and blue-excitable solid-state

lighting [J]. ACS Applied Materials & Interfaces, 2017,9(46):40477 − 40487.

[125] BALAKRISHNAN S K, KAMAT P V. Au-CsPbBr₃ hybrid architecture: anchoring gold nanoparticles on cubic perovskite nanocrystals [J]. ACS Energy Letters, 2016,2 (1):88 − 93.

[126] SCHEIDT R A, KERNS E, KAMAT P V. Interfacial charge transfer between excited CsPbBr₃ nanocrystals and TiO₂ : charge injection versus photodegradation [J]. The Journal of Physical Chemistry Letters, 2018,9(20):5962 − 5969.

[127] LI Z J, HOFMAN E, LI J, et al. photoelectrochemically active and environmentally stable CsPbBr₃/TiO₂ core/shell nanocrystals [J]. Advanced Functional Materials, 2018,28(1):1704288.

[128] LI X, WU Y, ZHANG S, et al. CsPbX₃ quantum dots for lighting and displays: room-temperature synthesis, photoluminescence superiorities, underlying origins and white light-emitting diodes [J]. Advanced Functional Materials, 2016, 26 (15): 2435 − 2445.

[129] SONG J, XU L, LI J, et al. Monolayer and few-layer all-inorganic perovskites as a new family of two-dimensional semiconductors for printable optoelectronic devices [J]. Advanced Mterials, 2016,28(24):4861 − 4869.

[130] LI J, XU L, WANG T, et al. 50-fold EQE improvement up to 6. 27% of solution-processed all-inorganic perovskite CsPbBr₃ QLEDs via surface ligand density control [J]. Advanced Materials, 2017,29(5):1603885.

[131] CHEN J K, MA J P, GUO S Q, et al. High-efficiency violet-emitting all-inorganic perovskite nanocrystals enabled by alkaline-earth metal passivation [J]. Chemistry of Materials, 2019,31(11):3974 − 3983.

[132] ZHOU Y, CHEN J, BAKR O M, et al. Metal-doped lead halide perovskites: synthesis, properties, and optoelectronic applications [J]. Chemistry of Materials, 2018, 30(19): 6589 − 6613.

[133] ZHU M, DUAN Y, LIU N, et al. Electrohydrodynamically printed high-resolution full-color hybrid perovskites [J]. Advanced Functional Materials, 2019, 29 (35):1903294.

[134] ZHANG C, WANG S, LI X, et al. Core/shell provskite nanocrystals: synthesis of highly efficient and environmentally stable FAPbBr₃/CsPbBr₃ for LED applications [J]. Advanced Functional Materials, 2020,30(31):1910582.

[135] ZHU Z, YANG Q, GAO L, et al. Solvent-free mechanosynthesis of composition-tunable cesium lead halide perovskite quantum dots [J]. Journal of Physical Chemistry Letters, 2017,8(7):1610 − 1614.

[136] RODKEY N, KAAL S, SEBASTIA-LUNA P, et al. Pulsed laser deposition of Cs₂AgBiBr₆ : from mechanochemically synthesized powders to dry, single-step deposition [J]. Chemistry of Materials, 2021,33(18):7417 − 7422.

[137] ORTIZ F A R, ROMAN B J, WEN J R, et al. The role of gold oxidation state in the synthesis of Au-CsPbX₃ heterostructure or lead-free Cs₂Au(Ⅰ)Au(Ⅲ)X₆ perovskite

nanoparticles [J]. Nanoscale，2019，11(39)：18109 - 18115.

[138] LIU H，WANG C，WANG T，et al. Controllable interlayer charge and energy transfer in perovskite quantum dots/transition metal dichalcogenide heterostructures [J]. Advanced Materials Interfaces，2019，6(23)：1901263.

[139] ZHANG X，WU X，LIU X，et al. Heterostructural CsPbX$_3$ - PbS (X=Cl，Br，I) quantum dots with tunable Vis-NIR dual emission [J]. Journal of the American Chemical Society，2020，142(9)：4464 - 4471.

[140] TANG Y，JIANG T，ZHOU T，et al. Ultrafast exciton transfer in perovskite CsPbBr$_3$ quantum dots and topological insulator Bi$_2$Se$_3$ film heterostructure [J]. Nanotechnology，2019，30(32)：325702.

[141] CHEN Y，LEI Y，LI Y，et al. Strain engineering and epitaxial stabilization of halide perovskites [J]. Nature，2020，577(7789)：209 - 215.

[142] QIAN C X，DENG Z Y，YANG K，et al. Interface engineering of CsPbBr$_3$/TiO$_2$ heterostructure with enhanced optoelectronic properties for all-inorganic perovskite solar cells [J]. Applied Physics Letters，2018，112(9)：093901.

[143] CEN G，LIU Y，ZHAO C，et al. Atomic-layer deposition-assisted double-side interfacial engineering for high-performance flexible and stable CsPbBr$_3$ perovskite photodetectors toward visible light communication applications [J]. Small，2019，15 (36)：1902135.

[144] MAGDALENA，DIAK，MAREK，et al. Application of nitrogen-doped TiO$_2$ nanotubes in dye-sensitized solar cells [J]. Applied Surface Science，2017，399：515 - 522.

[145] LAKSHMINARAYANA G，BUDDHUDU S. Spectral analysis of Cu^{2+}：B$_2$O^3 - ZnO - PbO glasses [J]. Spectrochimica Acta Part A：Molecular and Biomolecular Spectroscopy，2005，62(1 - 3)：364 - 371.

[146] WU M C，CHAN S H，JAO M H，et al. Enhanced short-circuit current density of perovskite solar cells using zn-doped TiO$_2$ as electron transport layer [J]. Solar Energy Materials & Solar Cells，2016，157：447 - 453.

[147] CAI Q，ZHANG Y，LIANG C，et al. Enhancing efficiency of planar structure perovskite solar cells using sn-doped TiO$_2$ as electron transport layer at low temperature [J]. Electrochimica Acta，2018，261：227 - 235.

[148] RAN H，FAN J，ZHANG X，et al. Enhanced performances of dye-sensitized solar cells based on Au-TiO$_2$ and Ag-TiO$_2$ plasmonic hybrid nanocomposites [J]. Applied Surface Science，2018，430：415 - 423.

[149] DIAK M，KLEIN M，KLIMCZUK T，et al. Photoactivity of decahedral TiO$_2$ loaded with bimetallic nanoparticles：degradation pathway of Phenol-1 - 13C and hydroxyl radical formation [J]. Applied Catalysis B：Environmental，2017，200：56 - 71.

[150] XU T，ZHENG H，ZHANG P. Performance of an innovative VUV-PCO purifier with nanoporous TiO$_2$ film for simultaneous elimination of VOCs and by-product ozone in indoor air [J]. Building and Environment，2018，142：379 - 387.

[151] JING Q，ZHANG M，HUANG X，et al. Surface passivation of mixed-halide

perovskite CsPb($Br_x I_{1-x}$)$_3$ nanocrystals by selective etching for improved stability [J]. Nanoscale, 2017,9(22):7391 – 7396.

[152] LIANG Z, ZHAO S, XU Z, et al. Shape-controlled synthesis of all-inorganic CsPbBr$_3$ perovskite nanocrystals with bright blue emission [J]. ACS Applied Materials & Interfaces, 2016,8(42):28824 – 28830.

[153] XU Y, ZHANG Q, LV L, et al. Synthesis of ultrasmall CsPbBr$_3$ nanoclusters and their transformation to highly deep-blue-emitting nanoribbons at room temperature [J]. Nanoscale, 2017,9(44):17248 – 17253.

[154] WILKE K, BREUER H D. The influence of transition-metal doping on the physical and photocatalytic properties of titania [J]. Journal of Photochemistry & Photobiology A: Chemistry, 1999,121(1):49 – 53.

[155] PROTESESCU L, YAKUNIN S, BODNARCHUK M I, et al. Nanocrystals of cesium lead halide perovskites (CsPbX$_3$, X = Cl, Br, and I): novel optoelectronic materials showing bright emission with wide color gamut [J]. Nano letters, 2015,15 (6):3692 – 3696.

[156] LIU C, HEO J. Local heating from silver nanoparticles and its effect on the Er^{3+} upconversion in oxyfluoride glasses [J]. Journal of the American Ceramic Society, 2010,93(10):3349 – 3353.

[157] ZHAO Z, AI B, LIU C, et al. Er^{3+} Ions-doped germano-gallate oxyfluoride glass-ceramics containing BaF$_2$ nanocrystals [J]. Journal of the American Ceramic Society, 2015,98(7):2117 – 2121.

[158] HUANG B, PENG D, PAN C. "Energy relay center" for doped mechanoluminescence materials: a case study on Cu-doped and Mn-doped CaZnOS [J]. Physical Chemistry Chemical Physics, 19(2):1190 – 1208.

[159] FEDOROV P P, LUGININA A A, POPOV A I. Transparent oxyfluoride glass ceramics [J]. Journal of Fluorine Chemistry, 2015,172:22 – 550.

[160] ALEKSEEVA I P, DYMSHITS O S, ZHILIN A A, et al. Transparent glass-ceramics based on ZnO and ZnO: Co^{2+} nanocrystals [J]. Journal of Optical Technology, 2014,81(12):723 – 728.

[161] LOIKO P, DYMSHITS O, VOLOKITINA A, et al. Structural transformations and optical properties of glass-ceramics based on ZnO, β-and α-Zn$_2$SiO$_4$ nanocrystals and doped with Er$_2$O$_3$ and Yb$_2$O$_3$: Part I. The role of heat-treatment [J]. Journal of Luminescence, 2018,202:47 – 56.

[162] DUAN M, HU Y, XIA M, et al. Structural and spectroscopic properties of Yb^{3+}-doped zinc aluminate nanocrystals in silicate glass-ceramics [J]. Journal of Non-Crystalline Solids, 2017,457:93 – 96.

[163] GOLUBKOV V V, KIM A A, NIKONOROV N V, et al. Effect of the size of CuBr nanocrystals formed in potassium-aluminum-borate glass on the phase transformation temperature [J]. Glass Physics and Chemistry, 2015,41(3):258 – 264.

[164] XIA M, LIU C, ZHAO Z, et al. Formation and optical properties of ZnSe and ZnS

nanocrystals in glasses [J]. Journal of Non-Crystalline Solids, 2015,429:79 – 82.

[165] LI K, LIU C, ZHAO Z, et al. Optical properties of Cu Ions-doped ZnSe quantum dots in silicate glasses [J]. Journal of the American Ceramic Society, 2018,101(11):5080 – 5088.

[166] FREITAS A M, BELL M J V, ANJOS V, et al. Thermal analyzes of phosphate glasses doped with Yb^{3+} and ZnTe nanocrystals [J]. Journal of Luminescence, 2016, 169:353 – 358.

[167] HAYES T M, LURIO L B, PANT J, et al. Stability of CdS nanocrystals in glass [J]. Physical Review B, 2001,63(15):155417.

[168] XU K, LIU C, CHUNG W J, et al. Optical properties of CdSe quantum dots in silicate glasses [J]. Journal of Non-Crystalline Solids, 2010, 356(44/45/46/47/48/49):2299 – 2301.

[169] XIA M, LIU C, XU Y, et al. Effect of Al_2O_3 on the formation of color centers and $CdSe/Cd_{1-x}Zn_xSe$ quantum dots in $SiO_2 - Na_2O - ZnO$ glasses [J]. Journal of the American Ceramic Society, 2019,102(4):1726 – 1733.

[170] SU G, LIU C, DENG Z, et al. Size-dependent photoluminescence of PbS QDs embedded in silicate glasses [J]. Optical Materials Express, 2017,7(7):2194 – 2207.

[171] OKAMOTO K, NIKI I, SHVARTSER A, et al. Surface-plasmon-enhanced light emitters based on InGaN quantum wells [J]. Nature Materials, 2004,3(9):601 – 605.

[172] CALIGIURI V, PALEI M, IMRAN M, et al. Planar double-epsilon-near-zero cavities for spontaneous emission and purcell effect enhancement [J]. ACS Photonics, 2018,5(6):2287 – 2294.

[173] PENG B, LI Z, MUTLUGUN E, et al. Quantum dots on vertically aligned gold nanorod monolayer: plasmon enhanced fluorescence [J]. Nanoscale, 2014,6(11): 5592 – 5598.

[174] DU W, ZHAO J, ZHAO W, et al. Ultrafast modulation of exciton-plasmon coupling in a mnolayer $WS_2 - Ag$ nnodisk hbrid system [J]. ACS Photonics, 6(11): 2832 – 2840.

[175] ANDREW P, BARNES W L. Energy transfer across a metal film mediated by surface plasmon polaritons [J]. Science, 2004,306(5698):1002 – 1005.

[176] COLLINI E, TODESCATO F, FERRANTE C, et al. Photophysics and dynamics of surface plasmon polaritons-mediated energy transfer in the presence of an applied electric field [J]. Journal of the American Chemical Society, 2012, 134(24): 10061 – 10070.

[177] OKAMOTO K, VYAWAHARE S, SCHERER A. Surface-plasmon enhanced bright emission from CdSe quantum-dot nanocrystals [J]. JOSA B, 2006, 23(8): 1674 – 1678.

[178] KHURGIN J B, SUN G, SOREF R A. Enhancement of luminescence efficiency using surface plasmon polaritons: figures of merit [J]. JOSA B, 2007,24(8):1968 – 1980.

[179] ITO Y, MATSUDA K, KANEMITSU Y. Mechanism of photoluminescence

enhancement in single semiconductor anocrystals on metal surfaces [J]. Physical Review B, 2007,75(3):033309.

[180] ZHAO W, WEN Z, XU Q, et al. Remarkable photoluminescence enhancement of CsPbBr$_3$ perovskite quantum dots assisted by metallic thin films [J]. Nanophotonics, 2020,10(8):2257 – 2264.

[181] MING T, CHEN H, JIANG R, et al. Plasmon-controlled fluorescence: beyond the intensity enhancement [J]. The Journal of Physical Chemistry Letters, 2012,3(2): 191 – 202.

[182] BALAKRISHNAN S K, KAMAT P V. Au-CsPbBr$_3$ hybrid architecture: anchoring gold nanoparticles on cubic perovskite nanocrystals [J]. ACS Energy Letters, 2017,2 (1):88 – 93.

[183] CHEN P, LIU Y, ZHANG Z, et al. In situ growth of ultrasmall cesium lead bromine quantum dots in a mesoporous silica matrix and their application in flexible light-emitting diodes [J]. Nanoscale, 2019,11(35):16499-16507.

[184] ZHOU Y, CHEN S, PAN X, et al. Great photoluminescence enhancement in Al-sputtered Zn$_{0.78}$ Mg$_{0.22}$ O films [J]. Optics Letters, 2017,42(24):5129 – 5132.

[185] CHENG P, LI D, YUAN Z, et al. Enhancement of ZnO light emission via coupling with localized surface plasmon of Ag island film [J]. Applied Physics Letters, 2008, 92(4):041119.

[186] REN Q H, ZHANG Y, LU H L, et al. Surface-plasmon mediated photoluminescence enhancement of Pt-coated ZnO nanowires by inserting an atomic-layer-deposited Al$_2$O$_3$ spacer layer [J]. Nanotechnology, 2016,27(16):165705.

[187] XU Z, LIU X, QIU J, et al. Enhanced luminescence of CsPbBr$_3$ perovskite quantum-dot-doped borosilicate glasses with Ag nanoparticles [J]. Optics Letters, 2019,44 (22):5626 – 5629.

[188] GAČEVIĆ Ž, VUKMIROVIĆ N. Effective refractive-index approximation: a link between structural and optical disorder of planar resonant optical structures [J]. Physical Review Applied, 2018,9(6):064041.

[189] LIU X, LI Z, WEN Z, et al. Large-area, lithography-free, narrow band and highly directional thermal emitter [J]. Nanoscale, 2019,11(42):19742 – 19750.

[190] KATS M A, BLANCHARD R, GENEVET P, et al. Nanometre optical coatings based on strong interference effects in highly absorbing media [J]. Nature Materials, 2013,12(1):20 – 24.

[191] PAN H, WEN Z, TANG Z, et al. Wide gamut, angle-insensitive structural colors based on deep-subwavelength bilayer media [J]. Nanophotonics, 2020, 9 (10): 3385 – 3392.

[192] FORD G W, WEBER W H. Electromagnetic interactions of molecules with metal surfaces [J]. Physics Reports, 1984,113(4):195 – 287.

[193] NOVOTNY L, HECHT B. Principles of nano-optics [M]. Cambridge University Press, 2012.

［194］ AKSELROD G M，ARGYROPOULOS C，HOANG T B，et al. Probing the mechanisms of large purcell enhancement in plasmonic nanoantennas［J］. Nature Photonics，2014,8(11):835－840.

［195］ YANG G，NIU Y，WEI H，et al. Greatly amplified spontaneous emission of colloidal quantum dots mediated by a dielectric-plasmonic hybrid nanoantenna ［J］. Nanophotonics，2019,8(12):2313－2319.

［196］ LAKOWICZ J R . Principles of Fluorescence Spectroscopy ［M］. Springer Science & Business Media，2013.